LOCUS

LOCUS

LOCUS

LOCUS

from

vision

from 107

不大可能法則：

誰說樂透不會中兩次？

作者：大衛・漢德（David Hand）

譯者：賴盈滿

責任編輯：潘乃慧

校對：呂佳真

法律顧問：董安丹律師、顧慕堯律師

出版者：大塊文化出版股份有限公司

台北市105022南京東路四段25號11樓

www.locuspublishing.com

讀者服務專線：0800-006689

TEL：(02)87123898 FAX：(02)87123897

郵撥帳號：18955675 戶名：大塊文化出版股份有限公司

總經銷：大和書報圖書股份有限公司

地址：新北市新莊區五工五路2號

TEL：(02) 89902588 FAX：(02) 22901658

初版一刷：2014年12月

初版二刷：2021年5月

定價：新台幣320元

Printed in Taiwan

THE

IMPROBABILITY PRINCIPLE

不大可能法則

DAVID HAND 著

賴盈滿 譯

目次

獻給雪莉（Shelley）

要是一天都沒怪事發生，才是最怪的事情。

——美國數學與統計學家波西·戴康尼斯（Persi Diaconis）[1]

前言　爲什麼極不可能發生的事件不斷發生？

這本書的主角是極不可能的事件，旨在解釋機率極低的事件爲何會發生，而且還要說明這些事件爲何不斷出現，永遠不會消失。

這一點乍聽之下很矛盾。非常不可能的事件怎麼會不斷發生？不可能不就代表很罕見？然而，現實中許多事件告訴我們，這一點都不矛盾。有人連贏幾次樂透，閃電經常打中同一個倒楣鬼，劇烈的金融崩盤一再上演，諸如此類。不過，這樣的現象當然需要解釋。

宇宙有其運行的法則。牛頓力學定律告訴我們掉落的物體如何運動，月亮爲何繞著地球運轉，汽車加速時爲什麼背會往座椅靠，還有我們被絆倒時爲什麼撞到地面感覺那麼重。其他定律告訴我們星球如何生成和消亡，人性來自何處，又可能去向何方。

極不可能的事件也是如此。有一組定律掌管著機運，告訴我們意料之外的事情是會發生的，也告訴我們背後的理由。這一組定律，我稱之爲「不大可能法則」。

不大可能法則包含幾個層次的定律。有些和宇宙的基本構造有關，包括二加二等於四之類的抽象基本眞理；有些涉及所謂的機率的深層性質；還有一些源自人類的心理層面：大腦不只是專司記錄的器官。只要條件適當，任何一條定律都是現實中的一個實例，但唯有所有定律同時運作、相輔相成，才能充分展現不大可能法則的驚人力量，讓原本無法想像的不可能成爲現實。

這本書源自於多年來我和許多人所做的研究、談話與討論，因此很難向所有人逐一致謝。不過，有些人對我的幫助特別大，讓我將一些概念發展成一本書。我要感謝我的朋友與同事麥可．克洛（Mike Crowe）、凱特．蘭德（Kate Land）、尼歐．亞當斯（Niall Adams）、尼克．赫德（Nick Heard）和克里斯多佛洛斯．安納諾斯托普羅斯（Christoforos Anagnostopoulos），謝謝他們對各階段草稿的批評指教。另外，謝謝我的經紀人彼得．塔拉克（Peter Tallack）和編輯艾曼達．孟恩（Amanda Moon）在初稿到成書的旅程中扮演批評者的角色。巧的是（也許不是巧合，因爲巧合只是不大可能法則的展現）這本書還在構思階段時，元盛資產管理公司（Winton Capital Management）的創辦人大衛．哈丁（David Harding）來找我，希望延攬我到他公司。我在那裡遇到的許多推理難題刺激了我，讓我更深入思考稀罕事件的意義。最後我要特別感謝我的妻子雪莉，謝謝她在我打造這本書時，包容我的心暫時不在她身邊，並且對書中內容提供了許多寶貴的意見。

1 神祕事件的神祕起源

機運來時，船上無人也會駛進港灣。

——莎士比亞

是不可思議的巧合，還是看不見的力量？

一九七二年夏天，美國男星安東尼．霍普金斯（Anthony Hopkins）和片商簽約，預定在喬治．菲佛（George Feifer）的小說《鐵幕情天恨》（*The Girl form Petrovka*）改編的電影中擔任主角。爲了這部片子，他特地飛到倫敦想買這本小說，沒想到倫敦的大書店都沒有這本書。回程途中，他在萊斯特廣場（Leicester Square）站等地鐵，赫然發現他座椅旁邊擺著一本被人扔棄的書，書名就是《鐵幕情天恨》。

這已經夠巧了，但更神奇的還在後頭。後來霍普金斯有幸和作者見面，便對他說起這樁奇特的遭遇。菲佛聽得津津有味，跟他說他去年十一月將這本書借給一名朋友，書裡有他的親筆註記，將英式英文轉換成美式英文，例如將labour改成labor等等，以便發行美國版。但他的朋友將書留在倫敦市的貝斯瓦特區（Bayswater）忘了拿走。霍普金斯匆匆翻閱他手上那本小說的註記，發現這本書就是菲佛的朋友弄丟的那一本。1

讀到這裡，你不得不問：這種事發生的機率有多高？百萬分之一？還是十億分之一？無論如何，這樣的事情都會挑戰可信度的極限，吸引我們用未知的力量或因素來解釋，這本書怎麼落到霍普金斯手裡，再回到菲佛身邊。

另外一個驚人的巧合出自心理學家榮格（Carl Jung）的《同時性》（*Synchronicity*）。他在書中寫道：「作家威廉・馮休茲（Wilhelm von Scholz）……說過一個故事。一九一四年，一名母親在黑森林幫兒子拍了一張相片，接著將底片拿到史特拉斯堡沖洗。但由於戰爭爆發，她沒辦法回去拿相片，便當作搞丟了。兩年後，這名母親在法蘭克福買了一卷底片，想要拍她剛出生的女兒。沒想到送洗時師傅發現底片雙重曝光，而且重疊的那張相片就是她之前幫兒子拍的那一張！那卷底片沒有沖洗，不知道爲什麼和新的底片混在一起，重新流通到市面上。」2

我們幾乎都遇過類似的巧合，頂多驚人的程度差一點，例如正想到某人，對方就打電話來了之類的。怪的是，我在寫這本書的時候，就有這樣的經歷。一名同事要我推薦統計方法學某個主題（多變量t分布）的相關著作，於是我隔天查了資料，找到一本專講該主題的書，作者是薩繆爾．寇慈（Samuel Kotz）和撒拉里斯．納達拉吉（Saralees Nadarajah）。我開始寫電郵給同事，告訴他那本書的細節，中途被一通來自加拿大的電話打斷。談話中，對方碰巧提到一件事，就是寇慈剛剛過世。

同樣的例子不勝枚舉。二〇〇五年九月二十八日英國《電訊報》（*The Telegraph*）報導，瓊安．克雷斯威爾（Joan Cresswell）到坎布里亞（Cumbria）巴洛高爾夫俱樂部打球，於五十碼的第十三洞擊出一桿進洞。你可能覺得這還滿稀奇的，但沒有那麼不可思議，畢竟一桿進洞的確會發生。但要是我告訴你下一個人是沒打過高爾夫的瑪格莉特．威廉斯（Margaret Williams），**她也**一桿進洞呢？[3]

這種事實在太多了。有些現象感覺是那麼不可能和不應該發生，讓人不禁覺得宇宙是不是按著我們不瞭解的法則在運作，而我們熟悉的、日常生活所倚賴的自然律與因果法則是不是偶爾會失靈。這些現象必然會讓我們懷疑，是否單憑巧合及人事物的偶然就能解釋一切，甚至覺得背後有一股看不見的力量在作祟。

這些現象通常只會令人訝異，成爲茶餘飯後的話題。我頭一回去紐西蘭，某天在一間咖啡館坐下來休息。隔壁桌有兩個人，我發現其中一人用的便條紙是我在英國教書的那間大學販售的。不過，離奇事件有時候會大大改變我們的生命。有些是好事，例如美國紐澤西一名婦人先後中了兩次樂透；有些則是壞事，例如桑默福德少校（Major Summerford）被雷擊中了好幾次。

人是好奇的動物，自然會想知道離奇巧合背後的原因。是什麼讓兩名同大學的陌生人千里迢迢跑到地球的另一邊，在同一家咖啡館的隔壁桌喝咖啡？是什麼讓那名婦人兩次挑中了樂透的得獎號碼？是什麼讓桑默福德少校一次又一次被閃電擊中？是什麼讓安東尼．霍普金斯和《鐵幕情天恨》穿越時間與空間，出現在同一個地鐵站裡的同一張座椅上？

當然，還有一個更重要的問題：我們如何利用這種巧合背後的原理，爲我們謀福利？

我剛才舉的都是小例子，僅限於個人層面，但現實中有太多更宏偉的例子，舉也舉不完。有些似乎想告訴我們，這些非常不可能的事件要是沒發生，不僅人類不會出現，連銀河本身也不會存在。有些則指出基因構造上的一個微小而隨機的改變，就可能創造出如人類一樣複雜的生物。還有些跟地球和太陽的距離、木星的存在，甚至物理基本常數値有關。同樣的問題再度出現：這些看似極不可能的事件眞的能用機緣湊巧來解釋嗎？還是有其他的力量或因素在背後導引這些事件的走向？

這些問題的答案都回歸到一個定律，我稱之爲**不大可能法則**。該原理主張**非常不可能的事件其實稀鬆平常**，是一組更基本的法則齊力作用的結果。這些法則讓極度不可能的事件必然會出現，絕對會發生。不大可能法則蘊含的原則告訴我們，按照宇宙的結構方式，巧合是無可避免的：這些非常不可能的事件**必然**會發生；機率微乎其微的現象**一定**會出現。這些事件是那麼不可能，卻又不斷發生，只有不大可能法則可以解釋這個表面的矛盾。

讓我們從前科學時代的解釋說起。這些解釋通常源自不可考的過去，儘管至今仍有許多人深信不疑，但在培根革命（Baconian Revolution）之前就存在了。培根革命認爲，想要瞭解自然世界，就該蒐集資訊、進行實驗和勤作觀察，用這些發現作爲判準來評估對於事件的各種解釋。在我們使用科學方法嚴格評判某個解釋是否有效之前，這些前科學說法就已經存在了。但解釋如果不曾或無法被檢證，就沒有眞正的分量，只是說法或故事，跟聖誕老人或牙仙之類的童話沒有兩樣。這些前科學解釋具有安撫及鎭定的功能，能安慰不願深入或無法更深入的人，但無法達到眞正的理解。

理解來自更深入的探究。藉由這些探究，思想家——研究者、哲學家和科學家——試圖找出描述自然界運行的「法則」。這些法則就像摘要，以簡單的形式概述我們對宇宙運行的**觀察所得**，是一種抽象化。例如牛頓第二運動定律指出物體的加速度和受力成正比，可以描述高樓落下物體的墜落軌跡。自然律企圖直指現象的核心，剝除表面、去蕪存菁。我們讓預測符合觀察（亦即數據），藉此推導出定律。某定律說密閉容器中的定量氣體倘若溫度增加，壓力也會上升，事實眞是如此嗎？數據也是這樣嗎？某定律說增加電壓會增強電流，我們眞的會觀察到這個現象嗎？

藉由讓數據和解釋相符，我們對大自然有了空前的瞭解。從現代世界的出現到人類科學與技術的驚人成就，在在證明了這種方法的力量。

當然，有些人會覺得瞭解一個現象後，那個現象就不再神祕了。如果瞭解代表去除模糊、晦澀、歧異與困惑，那它確實剝奪了神祕。但瞭解彩虹色彩的成因絲毫不會減損彩虹的神奇，反而讓人對於現象背後的美產生更深的讚嘆，甚至敬畏。這樣的理解讓我們知道萬物如何構成我們所生活的這個世界。

機率夠小的事件絕不會發生（就人類尺度而言）——波萊爾定律

一八七一年出生的埃米爾．波萊爾（Émile Borel）是法國重量級數學家，也是以數學角度研究機率（即**測度論**）的先驅，不少數學物件和概念都以他命名，例如波萊爾測度、波萊爾集、波萊爾－坎泰利引理（Borel-Cantelli lemma）及海涅－波萊爾定理（Heine-Borel theorem）等。一九四三年，他寫了一本非數學的機率導論，書名爲《機率與生命》（*Les Probabilités et la Vie*）。書中除了說明機率的性質與應用，還提出了一個定律，他稱之爲**單一機率定律**（single law of chance），現在通常直接稱爲波萊爾定律。這個定律是這麼說的：「**機率夠小的事件絕不會發生**」。[4]

乍看之下，不大可能法則顯然和波萊爾定律衝突，畢竟你可能和我一樣，覺得機率很小的事件當然有可能，只是**沒那麼常發生**。機率不就是這麼回事？微小機率就更不用說了。然而，當我拿著《機率與生命》往下讀，就發現其中頗有蹊蹺。

爲了說明他想表達的概念，波萊爾提到了一個經典理論，就是只要讓一群猴子隨意敲打打字機，就可能湊巧打出莎翁全集。[5] 用波萊爾的話來說就是：「這類事件雖然無法以理性證明不可能，但由於機率實在太低，任何正常人都會毫不遲疑宣稱這種事不可能發生。如果有人說他遇到了這類事件，我們一定會覺得他在騙人，而且也被別人騙了。」[6]

因此，波萊爾的「機率極小」是就人類尺度說的，這才是他的意思。某件事的機率對人類來說實在太小了，期待它會發生是不理性的，因此應該將它視爲不可能的事。的確，他在解釋完「單一機率定律」（你應該記得這個定律說**機率夠小的事件絕不會發生**）之後，立刻補充說：「至少我們在所有情況下都應該當它**不可能**發生。」[7]

他後來在書裡又舉了另一個例子：「對巴黎的通勤族來說，在街上發生事故的機率大約是一百萬分之一。如果某人爲了避開這麼小的風險，決定足不出戶，整天關在家裡，甚至要求妻子和兒子也這麼做，我們都會認爲他瘋了。」[8]

其他思想家也有類似的見解。例如一七六〇年代法國數學家讓・達朗伯（Jean d'Alembert）便曾經提問，觀察某一個發生和不發生機率各半的事件，會不會觀察到它長時間連續發生？一八四三年，《機率與生命》問世的一百年前，法國數學家安東－奧古斯丁．庫爾諾（Antoine-Augustin Cournot）在《論機率與或然率理論》（*Exposition de la Théorie des Chances et des Probabilités*）裡，討論了完美圓錐倒立的實際和理論或然率。[9] 從此「實際必然性」就跟庫爾諾連在一起了，並且和「物理必然性」相對立。事實上，「機率極小的事件絕不會發生是實際上必然的」，有時也稱為庫爾諾原理。一九三〇年代，哲學家卡爾．波柏（Karl Popper）在《科學發現的邏輯》（*The Logic of Scientific Discovery*）裡也曾寫道：「極端不可能的事件應當忽略不計，這個法則……符合**科學客觀性**。」[10]

既然其他知名思想家也提過類似的概念，或許有人會問為何現在只提波萊爾的名字？這可能是「創始者得名法則」搞的鬼。美國經濟學家斯蒂格勒（G. J. Stigler）最先提出這個法則，內容是「所有科學定理均非以第一發現者命名（推論：這一個定理也是）」。

波萊爾定律跟我們在幾何學課上學到的點線面有幾分類似。老師告訴我們這些幾何物件都是數學的抽象概念，不存在於真實世界中，只是好用的簡化，方便我們在腦中思考和操作，以瞭解它們在真實世界中所代表的那些物體。同樣地，雖然機率極小不等於零，但理想上還是可將它視為零。因為就**人類的實際環境**而言，機率夠小的事件絕不會發生。這就是波萊爾定律。

再次套用波萊爾的說法：「我們必須瞭解到，單一機率定律除了數學的必然性之外，還包括另一種必然性，不過這種必然性就像我們能接受某位古人、對蹠點的某座城市、路易十四或墨爾本的存在一樣，甚至和我們認為客觀世界必然存在一樣。」[11]

波萊爾還給出一個尺度，說明對他而言怎麼才算機率「夠小」。底下是我依據他的定義稍微修改過的版本。每一個版本，我都加上幾個例子，讓讀者對於數字大小有一些概念。

> **在人類尺度下，可忽略的機率值**爲小於一百萬分之一。撲克牌同花大順的機率約爲六十五萬分之一，差不多是百萬分之一的兩倍。一年有三千多萬秒，因此以波萊爾的尺度而言，如果你和我各挑一年中的某一秒做某件事，我們會選在同一秒動手的機率就是可忽略的。

> **在地球尺度下，可忽略的機率值**爲10^{15}分之一（如果你不知道這個數學表達式是什麼意思，請見「附錄一」）。地球的表面積約爲5.5×10^{15}平方英尺，因此如果你和我隨機在地球表面挑選一處站立（姑且不論其中許多地點都在海面上），我們選到同一塊地方的機率就是在地球尺度下可以忽略的。玩橋牌拿到十三張同花色牌的機率約爲4×10^{10}之一，遠大於地球尺度下可忽略事件的發生機率。

在宇宙尺度下，可忽略的機率值約爲10^{50}分之一。地球擁有10^{50}粒原子，因此如果你和我隨機挑選地球上的任一個原子，我們選到同一粒原子的機率就是在宇宙尺度下可忽略的。相較之下，全宇宙「只有」10^{23}顆星球。

在超宇宙尺度下，可忽略的機率值爲$10^{1,000,000,000}$分之一。由於全宇宙的重子數據估計也只有10^{80}，因此很難找到具體的例子說明這個機率有多小！

波萊爾的「小到可忽略」指數告訴我們一個事件的機率小到什麼程度，就可以在現實中當作不可能發生。然而，不大可能法則卻指出，在波萊爾定義下，不可能發生的事件依然會發生。這些事件不僅不是不可能，而且會一再上演。這兩個原理不可能同時都對：這些事件不是太不可能，所以絕對看不到它們發生，就是很有可能，因此會不斷出現。

只要剝開不可能性的眞諦，就能化解這個表面的矛盾。我們不妨將不大可能法則的各個面向視爲洋蔥的外皮，每剝開一層，它的意義就會變得更清楚。原理的不同面向（**巨數法則**〔law of truly large numbers〕、**夠近法則**〔law of near enough〕和**選擇法則**〔law of selection〕等）都以各自的方式，說明波萊爾定律和不大可能法則如何同時成立。

不大可能法則的某些面向影響深遠，有些則否。例如要判斷某種疾病集中出現是因爲污染物或純屬巧合，就得仰賴巨數法則。然而，底下這個例子乍看之下非常不可能，機率低到沒有人預期它會發生，但它卻發生了。你可以試試能不能想出什麼解釋。報導出自二〇一一年十二月十九日的《美國新聞與世界報導》（*U.S. News & World Report*），[12] 主角是已故的北韓領導人金正日。報導中說：「一九九四年，金正日第一次打高爾夫，就徹底征服了七千七百碼的平壤高爾夫球場，打出了不可思議的低於標準桿三十八桿。他在北韓唯一的高爾夫球場打出十一次一桿進洞，最差的也有柏蒂，在場的十七名隨扈都可以作證。」

你可能會想到波萊爾對猴子打字理論的看法。就像我說的，不大可能法則有些面向非常直截了當，有些卻很深刻。這本書就是在討論後者。

2 如果球就這麼掉進了酒杯：面對無常的宇宙

老師：你知道地球不是平的，對吧？

學生：我就住在那裡。

——威爾・海伊（Will Hay）和比利・海伊（Billy Hay），影集《聖米迦勒中學》（*St Michael's*）第二部[1]

爲什麼是我？怎麼是這裡？

想像這樣的場景：某個宜人的夏日傍晚，你坐在院子的草地上，身旁擺著一杯沁涼的白酒。你拿著一顆小球，無所事事地在兩手間拋來拋去，忽然將它高高拋到空中。小球直往上飛，受到重力拉扯緩緩減速，在最高點暫停片刻，隨即開始墜落。小球愈來愈快、愈來愈猛，最後落到地上……啪的一聲正好掉進了酒杯裡。

發生這種事當然很倒楣，但也非常不可能。那小球有這麼多地方可以掉，偏偏選中你的酒杯，掉進只有幾平方英寸的杯口裡。

你很清楚剛才要是**刻意**將球拋到空中，希望它正好落進酒杯裡，最後一定不會成功。因此，這其中顯然大有奧妙，感覺就像某種力量控制了球的飛行，將它帶向最後的目的地。說不定是某個頑皮的小妖精決定破壞自然法則，好捉弄你找樂子。

你可能有過類似的不可能經驗，也許不像球掉進酒杯裡那麼倒楣，但可能還是怪得讓你忍不住留意，在心裡好奇著怎麼會發生這種事。這一類事件凸顯了我們對宇宙的預期和宇宙實際表現之間的落差。

宇宙無常的想法往往令人渾身不自在。我們都想知道事情爲何發生，以此建立因果關聯，並瞭解觀察到的現象背後的規則。人類天生渴望穩定與安全，對於凡事純屬機運的想法會感到根深柢固的不安。畢竟要是眞的沒有原因，就無法操縱或左右結果，疾病、意外和失敗都變得無法避免。我們將一直活在恐懼之中，害怕無法預測的災難隨時會出現。

然而，要是有人能預測這些事件，甚至操控它們，就會擁有驚人的力量，可以躲避子彈、避開車禍、挑中會贏的賽馬和獲利的股票、在球掉下來之前將酒杯移開。

面對球掉進酒杯之類的神祕事件，前科學時代的解釋方法，我稱之爲「小妖精理論」。這個理論認爲事件背後有一股神祕力量在推動，而且通常不懷好意。人類發明了爲數驚人的這類解釋，包括各種迷信、預言、神祇、奇蹟、超心理解釋和榮格的「同時性」等等。我想先從迷信講起。

動物也會「迷信」？——似是而非的因果關係

人天生想要瞭解事件背後的原因，因此會尋找模式，留意相連的事件。我們會注意甲事件發生時，往往會跟著乙事件，例如沒有看路就走到馬路上的人經常被車撞，烏雲密布常常會下雨。這些觀察到的模式許多都有物理根基，能幫助我們安然度過生活中的各種變化，非常有用。雖然不是百分之百確定，但的確能告訴我們接下來或許會發生什麼。

我們觀察到的模式許多都是因果事件。若非如此，我們可能早就滅亡了，不但參不透晃動的草叢代表有老虎靠近，也不曉得下游遠方傳來的轟隆聲代表前方有瀑布。

尋找模式時，往往會出現一些可以解釋這類模式的證據，告訴我們找到了正確的原因。早期的流行病學研究發現吸菸和肺癌有關，後來的生物學研究證明了兩者確實有因果關聯。觀察發現，肥胖和心臟疾病有關，後來的實驗證明了確實如此。

然而，不是所有觀察到的模式都有物理根基，有些模式出現純屬巧合。我發現最近有兩次，我一看到黑貓橫越馬路沒多久就會跌倒，但我心裡明白這兩件事不大可能有因果關聯。

我今年到劇場看戲，只要開車去，那場戲就特別好看；如果搭大衆運輸系統，戲就很難看。即使這是事實，也不代表明年還會如此。困難在於分辨哪些模式是眞正的因果關係，哪些不是。其實廣義來說，所謂的科學做的就是這件事。

有些純屬意外、沒有任何原因的模式往往是迷信的來源。明明沒有因果關係卻認爲有，就是迷信。例如拋骰子前只要親吻骰子，就會拋出兩個六，或者帶著收好的雨傘出門，就比較不會下雨（別忘了我住在倫敦）。

能夠辨認模式，並推論其間的因果關係，在演化上是有好處的。這一點，從動物也會形成「迷信」就看得出來。美國心理學家史基納（B. F. Skinner）將飢餓的鴿子放進籠裡，並架了一個供食器，不管鴿子做什麼動作，它都會定時放出食物。他發現鴿子似乎會將食物出現和牠當時正在做的動作連結起來，因爲牠會不斷重複同樣的動作，顯然是爲了得到食物。史基納寫道：

> 這個實驗或許可以說明某些迷信的成因。鴿子似乎認爲自己的動作和食物出現有因果關係，其實並沒有。人類也有許多類似的行爲。打牌時各種祈求好運的動作就是一例。只要那個動作和好結果連續出現幾次，就足以讓它固定下來，即使之後遇到許多反例也不會改變。保齡球手將球扔出之後，仍然會扭動手臂和肩膀，彷彿在控

制球一樣，這又是一個例子。這些行爲當然沒辦法左右人的運氣或球道上的球，就像鴿子什麼也不做（嚴格來說，是做無關的事），食物依然會出現一樣。

貨品崇拜是另一個無因果模式的實例。這個詞彙原本用來形容西南太平洋小島住民的行爲。二戰期間，他們先看到日軍（後來是盟軍）修築跑道、指引飛機降落，並穿戴某些奇特的服裝，接著就有巨大的飛行機器從天而降，裡面裝著大量奇奇怪怪的東西，例如罐頭、衣服、車輛、槍、收音機和可樂等。那些陌生人將這些東西稱爲「貨品」。戰爭過後，陌生人走了，小島住民推斷他們只要仿照那些人的行爲，巨大的飛行機器就會再來。於是他們便用稻草和椰子建造跑道，用竹子和繩子搭出塔台，裝扮成那些軍人的模樣。他們頭戴木雕的頭盔，在「跑道」上模仿指揮降落的動作。這些小島住民觀察到一個模式——陌生人做了一些怪事，然後就有好東西出現——便推論兩者必有關聯，是因果關係，其實兩者並沒有他們所推論的連結。

就算乙事件經常跟在甲事件之後出現，而且頻率驚人，也不代表甲事件是乙事件的原因。統計學家有一句口頭禪：**相關不蘊含因果**。防晒油的業績通常和冰淇淋的銷售量成正比，但兩者不大可能互爲因果，而是有共同的原因：炎熱的夏天到了。同樣的道理，你如果從旁觀察我，就會發現只要我家屋頂早上是濕的，我就會帶傘出門。哲學家和邏輯學家常用一句拉丁文描述這種謬誤：post hoc ergo propter hoc，意思是「後此故因此」。時間相鄰近是因果關係的必要條件，但還不夠。

迷信在博奕和體育競賽特別常見，因爲機運在兩者中都扮演重要角色。你要是去過賭場，應該見過賭客相信只要以某種方式搖骰子，就會擲出他要的數字，而且他相信非得用那種方式搖，只要動作不完全正確，骰子就不會出現他要的點數。這讓他很容易解釋自己爲什麼輸錢，不是他相信的作法錯了，只是他做得不夠正確。他眞的這麼想。

體育選手也一樣。棒球投手托克．溫戴爾（Turk Wendell）會先在地上畫三個十字才投球。英國曼聯足球隊的菲爾．瓊斯（Phil Jones）在主場作戰時，會先穿左腳的襪子，客場作戰時則先穿右腳。老虎伍茲（Tiger Woods）每到巡迴賽最後一回合都會穿紅襯衫，不過這似乎是伍茲母親的迷信，而不是他自己的。

體育活動和涉及機運的遊戲還有一個常見的迷信，就是「熱手謬誤」（hot hand belief）。連續進球的球員接下來也容易進球，因爲他「手感正熱」。你可能覺得這很有道理。既然有「諸事不順（就是覺得不對勁）」的日子，自然也有「無往不利」的時候。如果那天手感熱，就可能更容易得分。然而，熱手謬誤沒這麼簡單。這套迷信還認爲，之前連續成功會提高之後繼續得分的機率，連擲骰子之類的隨機事件也不例外。麻煩的是，當我們回顧選手的過往表現，一定會發現他有些時候表現高於平均，有些時候低於一般。這就是平均的意思：

有時好、有時差。然而，熱手謬誤認爲只要球員手感正熱，他繼續得分的機率就會高於他的平均值，就算完全隨機也一樣。光是過去的成功就足以改變未來成功的或然率。

熱手謬誤是很強的信念，甚至能影響比賽。籃球賽中，球員經常將球傳給他們認爲手感正熱的隊友，覺得他之前連續得分，因此接下來更有機會命中。這將讓事情變得更複雜。相信手感眞有其事會改變球員的行爲，進而可能改變得分的機率。這麼做必然會讓那名隊友更常拿球，即使他的投籃命中率不變，也將更有機會得分。一旦投籃次數更多，造成得分增加，就會更加強化選手對熱手謬誤的信念。

當然，不同文化可能有不同的迷信。中國人認爲新年掃地會帶來霉運，日本人認爲黑貓從面前經過是吉兆，美國人卻覺得會倒楣。歐洲人認爲十三是不祥的數字，日本、中國和韓國則認爲四是凶數。不過，有些迷信是跨文化的。例如看見一隻喜鵲不吉利，看見兩隻則是好預兆；在室內撐傘是不祥的，打破鏡子也是，還有從梯子下面走過會帶來厄運。梯子的例子可能也是源自非因果模式的迷信。你走過梯子底下正好被油漆桶砸到，可能讓你從此覺得打下面走過很不吉利。[3]

迷信一旦成形，往往會自我加強。這是因爲除了正式的科學實驗外，我們不太擅長檢驗假設，確定它的眞假。我們往往只會留意支持該假設的證據與事件，忽略相反的例證。這種現象稱爲**驗證性偏誤**（confirmation bias）。例如我可能有一回看見黑貓之後就被鋪路石絆倒，於是覺得看見黑貓不吉利，卻忽略了其他時候雖然看見黑貓卻沒絆倒的經歷。

雖然驗證性偏誤直到最近才成爲心理學家和行爲經濟學家的熱門主題，但這個現象早在幾百年前就爲人所知了。最早立下科學研究法則的英國哲學家培根（Francis Bacon）在他的著作《新工具》（*Novum Organum*）中說：

> 人類理智一旦接納某個意見後，就會尋求支持和符合該意見的所有例證。即使反面的例子更多、更有分量，但不是被忽略或鄙棄，就是用某種判準加以拒絕或排除。人類滿足於這種空泛，只會記住滿足自己意見的事件，但對不符合的事件，即使更常出現，卻直接無視與忽略。[4]

預言家成功指南——模稜兩可、大量預測

預言就是嘗試預測未來。它的前提是宇宙按照某個預定的方向發展，目的則是去除疑慮，相信宇宙確實如此演進。預言常常帶有神意或超自然力量的色彩。神諭便是典型的預言與預測，有時也具有建議的功能。

許多預言都以明顯的跡象爲基礎，例如杯底的茶葉形狀、易經的卜筮、占卜師翻開的塔

羅牌、彗星的形狀、特殊的雲朵圖案、你出生時的星圖或畸形動物的出生等等。

但就算這些跡象人人可見，預言也不是基於證據小心推得的預測。因此，預言跟科學預測迥異。例如醫學研究者長期調查糖尿病患者，知道該疾病可能引發視網膜神經病變。氣象預報專家知道自己的預測有多準確，因爲他們已經發展出一套名爲「得分法則」的統計量表來進行評估。我們對日食時刻的預測來自大量蒐集到的太陽、地球和月亮運行數據。相較之下，很少有人正式統計算命師利用杯底茶葉的圖案預言未來事件的正確次數（我沒見過，但也可能是我漏掉了）。

雖然預言的目的在於去除對未來的不確定，但這種隨機的不確定往往是預言的生成基礎。茶葉和卜筮的不規則排列便是如此。隨意性就像是洩漏「天機」的管道。法國作家戈蒂耶（Théophile Gautier）說得好：「神不想露面時，機運就是祂的僞裝。」茶葉和卜筮的例子還告訴我們，解讀超自然訊息需要特定的知識。事實上，祭師、密契者、天眼通、預言家和神諭者之所以在人類社會占有一席之地，就是因爲只有他們是中介者，可以理解來自上天的訊息。羅馬參議員塔西佗（Tacitus, 56-117）那個時代的日耳曼祭師會隨機挑選樹皮，用上頭的紋路來指點迷津，猶太人則靠抽籤來做重大決定。隨機程序顯然讓上天有機會展現意志，表達看法。聖經箴言第十六章三十三節便說：「籤放在懷裡，定事由耶和華。」

預言往往以晦澀的文字表達，意思模稜兩可，允許多重解讀，使得預言很難被駁斥。無論結果如何，預言者永遠可以說：「沒錯，但我說的就是這個意思。」你很難跟他爭論。有時，某些「預言」甚至能有兩種完全相反的解讀。

里底亞國王克羅伊斯（Croesus，於西元前五六〇年至五四六年在位）的故事就是很好的例子。據說他曾經尋求德爾菲神殿的指引，想知道該不該攻打波斯。神諭指示他如果橫越海爾河，就會有大國滅亡。克羅伊斯認爲這是吉兆，便下令出兵，結果覆亡的卻是自己的國家。

米歇爾．德諾斯特拉達姆（Michel de Nostredame，或名諾斯特拉達姆士〔Nostradamus〕）的預言就是模稜兩可的絕佳典範。這位十六世紀的法國藥師、術士兼靈療者在他創作的曆書、年曆和四行詩裡寫下許多預言，多半跟疫病、地震、戰爭和洪水有關。但就我看來，他的預言沒有一個不是模稜兩可，沒有一個具體描述過一起事件，而且講的統統是很久以後的事。這一招很高明，因爲沒有人能在你生前駁斥你。更明顯的是，許多諾斯特拉達姆士的崇拜者對他的預言內容也是各執一詞，沒有定論。模稜兩可眞是大獲全勝！

大量預測也是新手預言家的好策略，因爲可能矇對一、兩個。之後就能強調成功的預言，「不小心」忘記不準的預測。

知道預言有這些特徵之後，如果想寫一本預言家成功指南，建議先從遵守底下的三大原則開始：

(i) 使用沒人看得懂的圖形或圖案；
(ii) 預言要模稜兩可；
(iii) 盡量多做預言。

值得注意的是，前兩項原則的相反正好是科學方法的根基：

(i) 清楚描述測量過程，讓其他人瞭解你做了什麼；
(ii) 清楚陳述你的假設意味著什麼，以便判斷預測正不正確。

預言家的第三原則是大量預言，又稱爲「珍妮·狄克森效應」（Jeane Dixon effect）。狄克森是美國靈媒，二十世紀中葉在報紙撰寫占星專欄大獲成功。一九六五年，露絲·蒙哥馬利（Ruth Montgomery）替她出版了傳記《預言天賦》（*A Gift of Prophecy*），讓她一夕成名。這本傳記暢銷數百萬冊，書中提到人很愛相信預言和預言家，就連當時各國領袖也有不少人聽信了她的預言。美國總統尼克森爲此下令提防恐怖攻擊（結果沒發生），雷根夫婦也請她擔任私人顧問。事實上，雷根夫婦徵詢過的靈媒不只狄克森一人。雷根總統的幕僚長唐諾·瑞根（Donald Regan）在自傳《特此申明：從華爾街到華盛頓》（*For the Record: From Wall Street to*

Washington）中便說：「在我擔任白宮幕僚長期間，幾乎所有重要決定和決策，雷根總統都會先問過舊金山一名婦人，請她繪製占星圖，以確定所有星球都在有利的位置上。」

爲了避免太過模稜兩可，狄克森女士做過比較具體的預言，而其中**一些**事後證明是正確的。例如她在一九五六年某期《展示雜誌》（*Parade Magazine*）中預言，民主黨候選人會贏得一九六〇年的美國總統大選，但會被暗殺或死於任內。聽起來很厲害，但我們最好拿她這次的成功和其他更誇張的預言相比，免得偏頗。她預言蘇聯會率先登上月球，而一九五八年會爆發第三次世界大戰。

爲了讓預測取信於人，我們應當要求預測者提出具有說服力的解釋，即使事後發現預測正確也是如此。畢竟我說「我正確預言了我擲骰子會擲出兩個六」和「我正確預言了我擲骰子會擲出兩個六，因爲骰子每一面都是六」，是完全不同的兩回事。我相信如果是後者，你對我的預測能力會更有信心得多（我收藏了許多骰子，其中眞有幾顆每一面都是六。我稱它們是初學者骰子，專門給想要練習擲出雙六的人玩）。

基本上，當你能解釋自己的預測，別人也認爲解釋合理，他們就比較可能相信你的預測能力。例如我預測老年人比較不會拖欠貸款，並且指出原因是老年人通常財務狀況比較穩定，你聽了可能覺得有道理，於是比較能接受我的主張。事實上，年齡**確實能**預測欠款風險，只不過原因是不是老年人的財務狀況比較穩定，就不得而知了。

還有一類預言比較特別，就是所謂的**自我實現預言**：預言某件事會發生，會讓那件事眞的發生。這是知名社會學家羅伯特．墨頓（Robert K. Merton）創造的名詞。他舉一名焦慮的學生做例子。那學生莫名地相信自己一定會不及格，花在擔心的時間超過讀書的時間，結果可想而知當然被當了。爲了強調這個現象很重要，墨頓指出，當兩國元首「相信戰爭無可避免，就會被這想法牽著走，導致兩國更加疏離，憂心忡忡採取『防禦』措施，反制對方的『侵犯』行爲，並且不斷增加兵力，囤積武器和原料。結果就是，預期戰爭將至果眞促成了戰爭」。[5]

末日教信徒集體自殺是另一個血淋淋的自我實現預言案例：某些教徒因爲深信世界即將毀滅而自我了結，結果眞的走向了末日。不過，一九九九年九月，印尼發生了一件驚人的反例。三名末日教領袖被發現自己受騙的教徒毆打至死，因爲這些教徒聽信預言，以爲一九九九年九月九日會是世界末日，因此賣掉了所有家產，結果根本沒事。不過，對那三名末日教領袖來說，預言確實成眞了。[6]

自我實現預言不一定總是壞事。若將羅伯特．墨頓的焦慮學生顚倒過來，就是正面的例子。某位老師相信某個女學生天資聰穎，認爲她能拿到高分，便給她更多難寫的作業，結果女學生眞的如他預期拿到了好成績。

預言有時來自預言者的夢境，因此當然只有他自己看得見。我們都會做夢，也知道夢境有時感覺很眞實，而且總是很神祕。直到今日，心理學家依然不完全瞭解做夢的功能。過去的人將夢視爲超自然的溝通方式，是預言未來的異象，現在依然有人這麼認爲。你可能也做過「預知」的夢，例如夢見遇到老朋友，結果隔天眞的碰到他，或是夢見墜機，結果不久後眞的有飛機墜毀。羅馬皇帝卡利古拉（Caligula）和林肯都曾經夢見自己死亡，後來也眞的遇刺身亡。

夢和其他預言一樣，往往模稜兩可，需要一定的知識才能解讀，或者我應該說，需要一定的知識，才能編出一套說詞。這往往是祭師和心理分析師的工作。

再怪的事都可以用神來解釋——因果鏈斷裂，奇蹟登場

我在前面討論迷信和預言裡的「天機」時，曾經提到神。依據宗教信仰，神是主宰、指引和監督人間事務的至高者，當然不受自然的限制。神是超自然的。乍看之下，神似乎是解釋偶然事件的好原因，但只要稍微細想就會明白，用神當解釋根本毫無效力，因爲祂太好用了，可以解釋一切，再怪的事都可以用神來解釋。不管發生什麼，我們永遠可以說：「是神做的。」你要是看見我下床之後浮在空中，變出二十個分身，可能覺得很難解釋，然而用神來解釋就現成多了：「是神做的。」解釋要有效力，顯然必須有其極限，才有辦法說「這就

怪了，我不太確定這個解釋是對的」，否則只是白費力氣。

從古至今，許多文明都從多神信仰慢慢變成一神教，也讓神脫離了彼此競爭的局面（例如洛基〔Loki〕常給其他北歐神祇惹麻煩），進入沒有競爭的獨大世界。但對人類來說，一神信仰的興起卻否定了混沌、機運與偶發事件的可能。所有事件都是註定好的。當世界還有多神存在時，人可以將難以解釋的事件推給兩個神起了爭執。但當神只剩一個，一切都受祂的監視與掌控時，機運和巧合就似乎不可能存在了。一旦相信宇宙只有一個神，由祂的智慧導引萬物，我們就只能將巧合視為我們不曉得其背後原因的事件。機運不再是宇宙的根本原因之一，而是對於眞實原因的無知。這樣的轉變讓我們認為宇宙是決定好的，按著唯一眞神立下的計畫逐步實現。

然而，因果鏈有時似乎斷裂了，奇蹟就還在這時登場。奇蹟是神的作為，通常是好事，是人類無法解釋的超自然事件。奇蹟和其他打破自然律的事件類似，只是原因不是巫術或異能。它和其他超自然事件最大的區別在於神，而且往往非常罕見。畢竟奇蹟要是經常發生，我們就會覺得稀鬆平常，不值得一提了。

隨著科學進展，過去許多被視為奇蹟的事件都找到了科學的解釋。讓我們再拿日食當例子。對於不瞭解背後成因的人來說，日食眞的很像奇蹟。大白天突然莫名其妙一片漆黑，找不到任何理由。然而，科學家很早便找出了日食的物理原理，以及許多知名奇蹟的背後成因，例如摩西與紅海的故事。中世紀神學家多瑪斯・阿奎那（St. Thomas Aquinas）在《駁異大全》（*Summa contra Gentiles*）中，將摩西分海列爲最高級的奇蹟，不過其實有幾個可能的科學解釋。例如電腦模擬證明了，只要一整晚颳強烈的東風，就可能將海水吹開露出海床。還有海底地震也可能造成海嘯，讓海水退去，就像二〇〇四年的印度洋地震一樣。

十八世紀哲學家大衛・休謨（David Hume）對奇蹟也有意見。他寫道：「任何證言都無法證明奇蹟，除非證言不成立這件事，比它要證明的奇蹟還要奇蹟。」[7]也就是說，唯有當其他解釋（例如這是騙局或搞錯等等）更不可能，奇蹟才可能成立。休謨接著說：

「如果有人說他見到某人死後復活，我會立刻問自己，這個人是不是在騙我或被人騙了，他所言的事件是否有可能發生。我會拿這個奇蹟和其他奇蹟相比，判斷哪一個更神奇，然後永遠拒斥更神奇的那一個。」

休謨會評估奇蹟之外的解釋，選擇最不神奇（該解釋若不成立反而最像奇蹟）的那個。但就算我們當下找不出其他解釋，「我無法解釋，所以一定是奇蹟」這個說法，依然站不住腳。只要看過高明魔術師表演的人都會同意這一點。除了魔術師外，許多人都說不出電視的原理、核電廠的運轉機制、插座爲什麼不會漏電，或飛機爲何不會從天上掉下來，但幾乎都會同意，即使無法解釋這些現象，不代表它們就是奇蹟。我們可能會覺得一定有完美的科學解釋，只是我們不曉得而已！科幻小說家亞瑟・克拉克（Arthur C. Clarke）說得好：「科技只要先進到一個地步，感覺就和魔術沒有兩樣。」

奇蹟在日常對話中還有一個比較鬆散的意義，例如我們會說奇蹟減肥藥、奇蹟脫逃和奇蹟解藥等。這裡的「奇蹟」不代表我們眞的認爲是奇蹟，只是用來形容一件現實中非常不可能的事而已。

念力眞有其事？——刊登偏差和選擇偏差

有些人相信奇蹟和超自然力量，有些人則相信心靈感應、預知、念力、超感官知覺、超心理學及異能現象。這些人通常認爲這些現象有科學解釋，只是我們還不知道，因此往往採取科學方法進行研究，用實驗來偵查及測量這些現象。如前所述，用實驗來檢證奇蹟是無意義的，因爲神具有超自然力量，想讓實驗出現什麼結果都隨心所欲。遺憾的是，科學界目前一致認爲，我們沒有強而有力的證據支持超常現象。美國國家科學院的一份報告指出：「過去一百三十年來針對超心理學所做的研究，統統缺乏科學實證。」[8] 一百三十年！這告訴我們「寧可信其有」的力量是多麼強大。

異能現象研究做過許多種實驗，但有量化數據的實驗都經不起科學檢驗。這些實驗往往只是要求受試者使用念力來左右拋擲硬幣或骰子的結果，或改變自然隨機事件（如輻射衰變）的分布。

異能現象研究有一個大難題，就是念力的效果很微弱，接近不存在。假如效果很大，例如讓硬幣每次都向上，那念力的存在自然毋庸置疑。偏偏研究者通常發現受試者只能讓硬幣向上的次數稍微過半，頂多證明不是機運而已。

因此，研究者必須倚賴統計方法才能找出念力的效果，而且實驗會受到許多微小變動的影響。例如你讓受試者專心想像硬幣擲出某一面，想研究這麼做會不會影響拋擲硬幣的結果。假設硬幣沒有偏頗，那只要受試者無法影響硬幣，硬幣出現正面和反面的機率就該相同。換句話說，如果受試者沒有超能力，那拋擲硬幣數次之後，正面和反面出現的次數應該差不多。不會完全相同，但不至於相差太多。

根據簡單的機率計算，假設受試者無法影響硬幣，拋擲一百次硬幣，出現六十次以上正面的機率是〇．〇二八。也就是說，連續拋擲一百次硬幣，重複數次，其中出現六十次以上正面的機率只有二．八％。由於機率很低，如果拋擲一百次硬幣，出現了六十次以上正面，我們似乎可以相信受試者擁有念力。

但現在假設實驗出了一點瑕疵，例如挑到的硬幣有一點彎，使得單次拋擲出現正面的機率不是〇．五〇，而是〇．五二。這是很小的差異。如果硬幣出現正面的機率是〇．五二，那我們很容易就能算出連拋一百次出現六十次以上正面的機率爲六．六％，是二．八％的兩倍多。因此，每次拋擲的機率稍有差異，從〇．五〇變成〇．五二，讓我們相信受試者具有念力的結果的出現機率就會增加**一倍多**。

一九三〇和四〇年代，知名超心理學家萊恩（J. B. Rhine）於杜克大學做了一系列念力實驗。骰子專家約翰．史卡恩（John Scarne）質疑實驗結果，認爲萊恩的骰子「不公平」。萊恩使用機器拋擲骰子，要受試者用念力讓骰子擲出特定點數。萊恩宣稱他用的骰子「和市售的一樣」，但史卡恩指出那些「店售」的骰子，跟賭場特製專用的「完美骰子」極爲不同。美國聯邦法律規定，賭場使用的骰子精確度必須達到五千分之一英寸，和大富翁遊戲用的骰子多少有些差距。史卡恩說：「拋擲這種市售骰子的結果一定和機運值不同，會有偏差，而且偏差值不會固定，會隨著骰子愈用愈舊而變化。使用已知不完美的骰子進行實驗，然後宣稱拋擲結果的偏差一定出自某種神祕念力的作用，在我看來根本是無稽之談。這種念力如果眞有其事，絕對會撼動整個科學界。」[9]

一位骰子製造商同意史卡恩的說法：「你到店裡買骰子，偶爾會買到一顆**完美級**的，但在六十顆盒裝的骰子裡有兩顆這樣的骰子，而且被同一人買下的機率，低到可以忽略不計、從來沒發生過。」製造商的最後一句話呼應了波萊爾定律：機率夠小的事件絕不會發生。

藉由精巧的實驗設計，我們可以克服上述的一些困難。例如拋擲硬幣時，我們可以用同一枚彎曲的硬幣重複實驗一百次，但這回要受試者專心用念力讓硬幣出現反面。如果他讓硬幣大量出現反面，就不能用硬幣偏差做解釋，因爲這枚硬幣應該更常出現正面才對。然而，我們無法保證所有的細微偏差與失真都可以控制。頻繁投擲一枚硬幣，邊緣可能會開始磨損。或者受試者可能是魔術師，用詭計騙過實驗者（我們之後會提到，這種事不算少見）。又或者，拋擲的方式會讓硬幣旋轉幾次才躺平，諸如此類。這些偏差的影響可能很小，但就像前面證明過的，再小的偏差也可能讓結果出現明顯的區別。

霍格·博許（Holger Bösch）、費歐娜·史坦恩坎普（Fiona Steinkamp）和艾彌爾·波勒（Emil Boller）回顧了三百八十個利用念力左右數字的實驗。[10]他們讓受試者用念力影響隨機出現的零與一，結果和先前的分析相同。他們發現受試者選中的數字出現的次數，只略高於隨機值。雖然零與一出現的次數差別很小，但純粹出於機運的或然率依然偏低，因此念力似乎眞有其事：某種東西讓結果偏向受試者選中的數字。問題在於差別的來源是受試者的念力，還是其他東西，例如彎曲的硬幣。

博許等人認爲差別可能來自所謂的**刊登偏差**（publication bias）。科學期刊編輯喜歡刊登實驗結果正面的研究，更勝於結果負面的實驗。這個現象是確實存在的。以上述的數字隨機生成實驗爲例，正面結果就是零與一分別出現的次數確實有差，而且是受試者預測的方向，負面結果則是沒有差異。刊登偏差不是出自期刊編輯的不誠實或惡意，而是潛意識的反應，可能來自「有結果比沒結果有趣」的事實。

刊登偏差或許可以解釋零與一出現的次數差別，但不表示念力毫無作用。不過如果刊登偏差可以解釋結果，那麼舉證的責任就落在提出非主流解釋的人身上。他們必須設法證明刊登偏差無法解釋出現的次數差。別忘了休謨的說法：除非其他解釋更不可能，他才會接受這樣的解釋。

如果這些反駁還不夠，不妨再聽聽史卡恩怎麼說吧：「我想請教萊恩博士幾個問題。他承認在他的超感官知覺測驗中，當受試者分數未高於機運的期望值或降到該數値時，他會排除這名受試者，因爲沒有必要讓不具超心理能力或失去興致的人繼續實驗……」[11]他的意思是，萊恩排除了表現不符合理論的人，只留下符合的人。但要是萊恩眞的那麼做了，你覺得他的實驗會有什麼結論？憑著這套方法，我很容易就能讓自己成爲次次擲出六點的人，只要去掉骰子沒擲出六點的紀錄就好了。這類偏差和刊登偏差都屬於**選擇偏差**（selectioin bias）的一種，也就是呈現的結果是經過挑選的，只是所有結果的一部分。

硬幣彎曲、骰子磨損、選擇偏差。超心理學和異能現象的研究充斥著被細微的潛意識扭曲所污染的例子，使得結論令人懷疑。不僅如此，這類研究還充滿了矇騙和詐欺。

十九世紀末、二十世紀初，義大利女靈媒尤撒琵雅．帕拉狄諾（Eusapia Palladino）經常在降靈會上讓桌子和自己飄浮，還能隔空演奏樂器，跟死者談話。福爾摩斯偵探小說作者柯南．道爾（Arthur Conan Doyle）對她的能力深信不疑，但科學家仔細檢證後，發現她根本虛有其表。她用長髮綁住小物體，讓它們浮在空中，並在漆黑的降靈會場偷偷用腳操縱物品等等。她年輕時曾嫁給一名魔術師，或許學到了幾招。

最近，以色列幻術師尤里．蓋勒（Uri Geller）一戰成名，在數百萬名電視觀衆的眼前讓湯匙彎曲、手錶重新走動，並宣稱這是因爲他擁有念力。但當包括魔術師詹姆士．藍迪（James Randi）在內的研究者證明，光靠簡單的把戲就能做到這兩件事時，蓋勒立刻改口不提自己是異能者，而說自己是「娛樂工作者」。

你一定會察覺這些能力煞有其事，卻只被拿來做一些瑣事。讓桌子懸空、彎曲湯匙、讓錶重新走動，就這樣！你可能會想，擁有這些能力理當能爲人類帶來更大的好處，但這些人只做一些小事，實在相當可疑。此外，擁有念力的人應該很難抗拒追求私利的欲望，例如到賭場大贏一把。但是賭場這麼賺錢，表示骰子並未受到左右，依然照著原來的頻率出現各種點數。

有些科學家研究異能現象會暗中動手腳。這不是空穴來風。接替萊恩職掌杜克大學超心理學實驗室的沃特．列維（Walter J. Levy）和萊恩的助理詹姆士．麥克法蘭（James D. MacFarland），都曾被指控操弄數據。[12]

看出實驗中的欺瞞有時並不簡單。科學家通常不認爲大自然會欺騙他們，因此很不擅長察覺騙局。相較之下，魔術師是這方面的專家，因而成爲調查超能力的絕佳人選。小胡伯特·皮爾斯（Hubert Pearce, Jr.）是萊恩的受試者之一，他猜牌數百次有三二％左右的命中率，而機運的期望值是二〇％。但後來有一名魔術師在場監督，皮爾斯的正確率立刻掉到和亂猜差不多。面對這種效應，某些超心理學研究者主張超能力會受實驗者的心態影響。如果實驗者帶著批判的角度，念力就會較不明顯：有人不信，就不會發生。講得好聽一點，這就叫抓著最後一根稻草不放。

不過，相信超能力的人和不信者之間似乎確有差異。神經科學家彼得·布魯格（Peter Brugger）和克斯頓·泰勒（Kirsten Taylor）發現，對於隨機發生的巧合，相信超感官知覺和類似現象的人比不信者更常認爲不是巧合。[13] 相信者和不信者的行爲也互有差異。例如實驗者要受試者編寫亂數時，相信者更常刻意避開連續重複的數字，但眞正的亂數其實經常接連出現重複的兩個或三個數字。

詹姆士·藍迪曾經重現蓋勒的異能表演，藉此拆穿異能騙局而知名，正因爲他本身是魔術師，非常瞭解其中的詭計。他還成立了詹姆士·藍迪教育基金會，專門調查異能現象。[14] 底下是該基金會的一段話：

> 本基金會提供一百萬美元獎金，懸賞能在嚴謹觀察環境下展現異能、超自然或靈異能力的人。本基金會不參與實驗，只負責協助設計流程及審核實驗進行的條件。中

請者除了參與實驗設計及核可實驗內容外，通常還需接受一項簡單的超能力初試，通過後才正式進行實驗。初試通常由本基金會於申請人所在地的分會主持，一旦通過初試，「申請者」就變成「受試者」。

截至目前，沒有任何申請者通過初試。

鳥聚集在亡者屋外？——同時性和形態共振

面對球掉入酒杯之類的不可能現象，我們想出了許多解釋。迷信、預言、靈異現象、神明、奇蹟和超能力只是其中幾個。心理分析學家卡爾．榮格認為這類巧合發生的頻率高於機運，因此發展出「同時性」理論，並宣稱「這個假想的因素和因果一樣，是解釋各種事件的基本原理」。榮格認為因果關係必然涉及力或能量，但兩者都受距離影響，而超感官知覺與距離無關，因此無法用因果來解釋。[15] 他寫道，這類現象「不可能是因果事件，而是兩個事件同時間出現，是一種等時性」。然而，等時性不是常用的物理概念，因此他覺得必須取一個新名詞，便選了「同時性」。榮格接著寫道：「因此，當兩個以上的事件同時發生，彼此沒有因果關聯，但有相同或類似的意義，我便用同時性一詞來指稱這類巧合。同時性和同步不同，同步只是兩個事件同時發生。」[16]

然而，榮格是心理分析學家，不是統計學者，對量化不感興趣，更不可能試著量化像「機運」這樣模糊的概念。此外，他舉出的同時性案例和證明也都帶有主觀色彩。底下是他所舉的一個例子。榮格寫道：

> 我有一位病人，今年五十多歲，他妻子有一回跟我聊天時說她母親和祖母過世當天，窗外都有鳥兒聚集。其他人也跟我說過類似的事。她丈夫在療程末期，神經官能症痊癒得差不多時，出現了一些看似無礙的症狀，但我覺得很可能是心血管疾病。我請他去看另一位醫師，對方檢查過之後，寫信跟我說沒必要擔心。但診療之後（檢查報告還在他口袋裡），我這位病人就在回家途中倒在街上。奄奄一息的他被送回家中，他的妻子已經滿心焦急，因爲他去看醫師沒多久，他們家屋外就有鳥群聚集，她很自然地想起母親和祖母過世時的場景，不免擔心大事不妙了。[17]

不過，讓我們暫停一下。鳥群聚集在屋外，也許是因爲那個房間比較溫暖，而鳥喜歡聚在溫暖的地方。而且我們不知道鳥出現在屋頂上的頻率有多高，出現在那位病人家屋頂上的頻率又有多高。

榮格接下來的說法更誇張。「那人的死和鳥群聚集似乎是兩回事，但是一想到古巴比倫人認爲地獄裡的靈魂披著『羽衣』，古埃及人則認爲靈魂（ba）是一隻鳥，那麼將鳥視爲死亡的原型象徵似乎並不離譜。」不離譜？也許吧，但我們不難想像只要花點工夫，所有事情都可以在古代宗教裡找到類似或相應的徵兆與象徵。

由於某些巧合令人費解，榮格會覺得需要物理定律之外的解釋，似乎也就不足爲奇了。不少人也深有同感。奧地利生物學家保羅．卡梅爾（Paul Kammerer）在《連續性定律》（*Das Gesetz der Serie*）中就提出了**連續性定理**。[18]他蒐集了數百個巧合事件進行比對，將它們分成數類，隨後發展出一套理論來解釋這些巧合。這套理論有三大原理。首先是**持續性**，有點類似物理的慣性。事物維持愈久，持續性就愈高。就算系統瓦解，各部分仍會保有原系統的印記，因此當其中兩部分再次相遇時，外人就會覺得發生了難以解釋的巧合。第二原理是**仿效**，主要在講系統如何達到均衡或同步共振。第三原理是**吸引**，描述物以類聚的傾向。

卡梅爾的想法跟英國生物學家魯伯特．謝爾德瑞克（Rupert Sheldrake）的見解頗爲近似。後者最近提出一個名爲**形態共振**的理論。[19]依據他的主張，一旦某地方發生某事件，類似事件將更可能在其他地方發生，因爲（他認爲）自然中有所謂的**形態場**，會傳播事件與結構。他舉的例子包括不同地區的鳥雖然分隔兩地，不可能彼此模仿與學習，卻同時學會打開牛奶瓶上的銀色蓋子。另外，美國的老鼠學會走迷宮後，英國的老鼠也更容易上手。

同時性、連續性和形態共振都是人類發明的概念，用來解釋意外現象，以塡補我們對於因果關聯的不瞭解。二十世紀之前的科學觀也抱持同樣的看法，認爲我們無法瞭解宇宙是因爲少了關鍵的訊息與概念。

鐘錶宇宙的漏洞

從十七世紀到二十世紀初，科學家對大自然的理解有了長足進展，建構了各式各樣的定律，描述天體運行、電荷流動、氣體脹縮、彩虹顏色和其他許許多多的物理現象。這些理解不僅讓我們有能力預測未來，還促成了新科技，讓我們可以操控自然。

這些物理定律都是決定論的，是數學方程式，告訴我們自然界的物體如何存在與作用。只要知道某個物理系統的初始狀態，那麼依據牛頓定律、氣體定律和馬克士威（Maxwell）方程式等法則，就能知道它會如何演變，之後又會發生什麼。宇宙中沒有任何不確定或不可預測的事件，至少就科學而言，原則上是如此。而依據這些定律所發明的科技大獲成功，也證明我們大體上是對的。

偉大的法國數學家拉普拉斯（Pierre Simon Laplace）指出這套世界觀背後的基本假設，他寫道：「擁有智能的個體，只要知道大自然在某一瞬間的所有作用力，以及萬物的相對位置，並且有能力使用上達天體下至原子的公式加以分析，那麼在他眼中就沒有任何不確定之事，過去和未來都一樣清楚確鑿。」[20]

這套世界觀又稱爲**鐘錶宇宙論**，因爲它認爲宇宙有如鐘錶，按著預定好的方向滴答前行。所有無法預測的事物（例如閃電）原則上都不是無法預測的。無法預測只是因爲無知，不知道所有初始條件或其間的過程。而隨著科學不斷進展，無知會愈來愈少。

然而，這套觀點慢慢浮現瑕疵，並且在二十世紀演變成許多大漏洞。宇宙似乎不是預定好的，而是本質就帶著隨機與偶然。

隨機、偶然和或然性也是巧合背後的原理。我在上一章提到的不大可能事件都屬於這類巧合。那些事件雖然感覺很誇張、完全無法預測，事實上都是應該會發生的，不需要某種神祕理由來解釋。什麼迷信、奇蹟、神明、超自然力量、異能念力、同時性、連續性、形態共振或各種小妖精都不需要，只要用機率的基本法則就能解釋。

下一章將介紹這些法則，它們是不大可能法則的根基。

3 不令人意外就不叫巧合：機運是什麼？

生命皆機運。

——卡內基（Dale Carnegie）

一九八六年，英國東約克郡洛金頓市（Lockington）發生火車事故，有九人喪生，比爾．蕭（Bill Shaw）幸運生還。雖然火車事故經常引來大批媒體關注，但幸好發生機率極低。二〇〇一年，英國鐵路每十億客位英里的事故死亡率爲〇．一人，顯示火車是極爲安全的交通工具。由於火車事故率非常低，妻子和丈夫都遇到事故的機率肯定微乎其微。然而，這樣的事卻發生在蕭氏夫婦身上。比爾生還後十五年，他的妻子吉妮（Ginny）在賽爾比市郊的大黑克鎮（Great Heck）遇到火車事故，同樣幸運生還。這一回共有十人喪生，而兩次事故都是因爲鐵道上出現車輛所致。比爾回想那天清晨七點他被妻子的來電吵醒。「我聽了簡直不敢相信自己的耳朵，」他說道：「感覺好像有人要她經歷我當時的遭遇似的……神奇的是，當年的事故是因爲一輛廂型車卡在鐵道上所引起的，而吉妮遇上的情形一模一樣。這眞是嚇人的巧合，簡直不可思議……感覺好像我們這家人老在錯誤的時間出現在不對的地方。」

和蕭氏夫婦有過同樣不幸巧合的人，肯定會想知道原因和背後的關聯。這樣的巧合（或所有巧合）是不是有什麼特點，讓我們可以瞭解它爲什麼發生？

巧合一詞有許多定義。統計學家波西．戴康尼斯和佛瑞德．莫斯泰勒（Fred Mosteller）對巧合的定義是：「數起事件意外地同時發生，雖然事件之間的關聯是有意義的，但缺乏明顯的因果關係。」[1]我手上的《簡明版牛津辭典》將巧合定義爲：「數個事件或情境不尋常地同時發生，不過缺乏明顯的因果關聯。」維基百科的定義比較詳盡：「兩個以上在時間、空間、形態或某些方面緊密相連的事件或條件，但就觀者或觀者對於因果事件的理解而言，其間似乎沒有因果關聯，也不是一因數果的關係。」

第一個定義提到一點，就是巧合必須令人意外。就算我書讀到最後一章時，屋外下起雨來，我也不會突然坐直說：「哇，好巧喔！」另外，巧合必定包含兩起以上的事件。發生一起異常事件不是巧合，接連發生兩起以上的異常事件才是意外。我的椅腳正好在打雷時斷了，我會懷疑只是湊巧嗎？許多人都記得二〇一三年發生的一樁巧合。教宗本篤十六世宣布他將辭職才過幾小時，羅馬聖彼得大教堂就遭到雷擊了。

第一個定義還說，這些事件雖然沒有明顯的因果關係，但其間的關聯必須是有意義的。兩個完全無關的事件，就算再令人意外，也不會引發討論。你某天晚上九點在賭場看見滾球落在輪盤的七點上，三天後你下班搭計程車回家，下車時弄斷了鞋跟，你可能不會認爲這兩件事有關聯。怎麼會有關呢？我們身邊隨時發生著數不盡的事情，生命就是一連串的事件，因此就巧合而言，一定有某樣東西讓這些事件顯得特別，以某種有意義的方式將它們連結在一起。這個連結可能是時間，例如打雷和椅腳斷了，但事件之間絕對不能有明顯的因果關聯。如果你在賭場看到俄羅斯輪盤的滾球落到七點上，氣得跺腳把鞋跟踩斷了，你不大可能認爲這是巧合，因爲簡單的因果關係就能解釋完整。二〇〇一年九月十一日早上，美國國家偵查辦公室打算模擬一架故障的私人飛機撞上他們在維吉尼亞州香特利市（Chantilly）的總部，這裡距離華盛頓杜勒斯機場只有四英里。八點十分，模擬開始的前一個小時左右，美國航空公司七七號班機從杜勒斯機場起飛。一個半小時後，劫機暴徒讓這架班機撞上了五角大廈。現實和模擬實在太雷同了，很難不認爲兩者之間有所關聯，但兩者又確實沒有因果關係。2

我們已經看到人類提出了數不清的解釋，來說明這些事件爲何同時發生，其中許多訴諸我們熟悉的自然力和因果以外的事物，也就是**超**自然因素。不大可能法則提供了另一種解釋，基於科學而非超自然事物的解釋。而一切都要從「可能」和「機率」的定義說起。

零和一之間：機率到底是什麼意思？

機率的概念由來已久，而且相當複雜，甚至充滿爭議。即使到了一九五四年，統計學派創始人李奧納德．吉米．薩維奇（Leonard Jimmie Savage）仍然表示：「機率是什麼……從巴別塔倒塌以來，沒有比機率更眾說紛紜、無法溝通的概念了。」[3]幸好在那之後有了一些進展，科學家和統計學家目前明白機率不只一種，但由於所有人都在用這個詞，因此還是充滿混淆。專業討論通常會在機率前面加上形容詞，清楚指出現在講的是哪種機率，例如射倖（aleatory）機率、主觀機率、邏輯機率等等。我之後會分別說明這些機率。

機率一詞不但歷史悠久，而且重要又充滿混淆，以至於語言中充斥著密切相關的概念，包括**機會**、**不確定性**、**隨機**、**機運**、**運氣**、**幸運**、**命運**、**僥倖**、**不可預測性**、**風險**、**偶然**、**可能性**、**傾向**和**意外**等等。除此之外，還有一些近似的概念，例如**懷疑**、**可信度**、**信心**、**合理性**、**可能性**、**無知**和**混沌**等。

英文的機率probability一字源自拉丁文probare（意思是測驗或證明），跟approve（贊同）、provable（可以證明的）、approbation（許可）有相同的字根，早期也包含這些意義。因此，十八世紀英國歷史學家吉朋（Edward Gibbon）才會在《羅馬帝國衰亡史》（*Decline and Fall of the Roman Empire*）中寫道：「根據執政官魯芬納（Rufinus）所言，條約明定立即提供糧草，狄奧多瑞特（Theodoret）則確認波斯人切實履行了條約。**此一事實是可能的**（probable），**但無疑是錯的。**」[4]這個例子也顯示了這個字的意義，已經和吉朋那個時代不一樣了。如今probable意指「可能」，和「肯定爲誤」幾乎是相反的意思。

一六六二年，法國神學家翁端・阿賀諾（Antoine Arnauld）和皮耶・尼可（Pierre Nicole）在《邏輯：思考的藝術》（*La logique ou l'Art de penser*，[5]又名《邏輯》〔*Logic*〕或《波華亞邏輯》〔*Port-Royal Logic*〕，波華亞是一所耶穌會女修院的名字）一書中，批評了所謂的「概然論」（probabilism）。概然論主要在討論如何憑藉權威仲裁議題。這本書還是最早以現代意義使用「機率」一詞的著作，並且讓我們見識到，眞理的概念如何從訴諸權威演變爲科學的訴諸證據。

我可以將某事件的機率定義爲「該事件可能發生的程度」，也可定義爲「認爲該事件會發生的信心強度」。兩個定義都凸顯了不確定性，並且指出機率高的事件很可能會發生，機率低的事件不大可能發生。由於定義中包含了「程度」和「強度」兩個詞，顯示機率是可測量的，至少能用數字表示。但這兩個定義只是空話，因爲它們沒告訴我們任何事。如果我們將「可能」當成機率的口語同義詞，這兩個定義就是同義反複。我們必須挖得更深入一點。

當我們用數字表達某樣事物時，方式可能不只一種，例如我可以用英寸或公分來表示身高。爲了讓機率的表達不會模稜兩可，科學家將機率值定在了零與一之間。零代表不可能發生的事件。由於沒有什麼比「不可能」還不可能，因此機率值不會小於零。同理，一代表確定會發生的事件。由於沒有什麼比「確定」更可能，因此機率值不會大於一。確鑿事件雖然好，卻不是很有趣，因爲你只需要預備它會發生就行了！不可能事件也一樣，你只要做好準備這件事不會發生就行了。比較有趣的是帶有幾分**不確定**的事件（至少對本書而言是如此）。這些事件可能會發生，也可能不會，我們不確定。若用數字表達，可能發生也可能不會發生的事件的機率值介於零和一之間。數值愈小，該事件愈不可能發生；數值愈接近一，該事件就愈可能發生。本書關注的是極不可能的事件，亦即機率值趨近於零、但不是零的事件。這些極不可能的事件遊走在不可能與可能之間，才是**真正**有趣的事件。

機率還有一個數值表達方式，就是「勝率」（odds）。這個詞經常出現在賭博、運動和金融圈裡。勝率只是機率的另一種表達法。事實上，勝率的定義不只一種，最簡單的是機率的**比率**，例如我錯過火車的勝率，就是我**會**錯過火車的機率除以我**不會**錯過火車的機率，我擊出全壘打的勝率，則是我**會**擊出全壘打的機率除以我**不會**擊出全壘打的機率。如果某事件不可能發生，即機率爲零，那勝率也會是零。如果某事件絕對會發生，即機率爲一，則勝率爲無限大，因爲一除以零是無限大。只要能用勝率表示，就一定能以機率表達。科學家使用機率一詞的頻率高於勝率，但某些醫療領域會使用勝率。

一般人還會用「機會」（chance）來取代機率。就學術而言，某事件的「機會」其實就是該事件的機率，只是機會這個說法比較不正式，而且很少賦予數值，例如我們會說降雨的機會。

「運氣」（luck）一詞除了機率，還攙雜了結果好壞在內。當我們認爲不大可能發生的壞事發生了，例如發生車禍、晴天突然下大雨或被閃電擊中，我們就會說自己運氣不好。某人要是在車潮洶湧時，硬闖十二線道高速公路，結果被車撞了，我們不會說他運氣不好；但要是他在深夜無人的小鎮街道上被撞了，我們可能會說他很倒楣。當我們認爲不大可能發生的好事發生了，我們就會說自己運氣好。幸運是另一個和運氣很近的詞。得獎可能很幸運，在不對的時間出現在不對的地方可能很不幸。這些概念都和「命運」緊密相關，都帶有人力無法控制的意涵在裡面。這部分我們在上一章已經討論過了。

「風險」（risk）的概念和運氣一樣，除了事件的發生機率，還加上事件結果的價值或用處。不過，風險只限定於不好的事件，例如被車撞或食物中毒的風險。我們通常不會說通過考試或贏得樂透的風險。

隨機（randomness）是另一個跟機率密切相關的詞彙。麻煩的是，隨機在不同領域的含義雖然有所重疊，卻也有細微的差異。在統計學裡，一組數字只要無法預測接下來的數值就是亂數；但根據演算法資訊理論，一組數字無法以更短的方式表達才是亂數。例如一組數值完全相同的數字（33333333333333333333）就不隨機，因爲很容易表達（二十個三），但類似

37686332408651378654的數字就很難簡述。

我還應該提一下**混沌**（chaos）這個概念，因爲它和隨機有關。只要知道某個混沌系統的初始値和演變過程，就能預測它會產生什麼數字。可惜的是，我們永遠不可能**完全**知道初始値——精確到小數點後無限位。混沌理論的發明者愛德華．洛倫茲（Edward Lorenz）說得好：「混沌：現在決定未來，但近似的現在無法近似地決定未來。」[6]不幸的是，我們永遠只能近似地掌握現在。我會在本章末尾討論這一點。

我們有這麼多描述機率和相關概念的詞彙，或許不是巧合（！）。當我們想要瞭解人類存在的奧祕、認識宇宙，不確定和不可預測都是關鍵，跟命定和自由意志息息相關。根據定義，機遇不可能是命定的，隨機和可預測性是互斥的，魚與熊掌不可兼得。此外，機率和其他攸關人類理解的基本概念一樣，常常被擬人化，例如我們會說「幸運女神」、「幸運之神」和「挑戰命運」等。

神啓、賭博、賺錢、保險——機率從何而來？

前面說過人類會使用某些物品（如茶葉和卜筮）來創造隨機現象，作爲預言和算命之用。許多遊戲也會使用人工製品來生成隨機結果，如骰子、輪盤和樂透開球機等。開球機種類繁多，有些構造很複雜，例如在滾筒內放置號碼球，每次滾出一顆球，或是垂直圓柱底下裝設風扇，每次從頂端吹出一顆球。滾筒和圓柱通常是透明的，以增加觀衆的期待與興奮度。隨機化裝置（不管是爲了神啓或賭博）由來已久，可回溯到數千年前。

最古老的隨機化裝置是**距骨**，也就是**腳踝**，由動物的蹄骨或踝骨製成。古埃及陵墓裡的壁畫清楚描繪當時的人會使用距骨玩遊戲，就像骰子一樣，不過幾乎沒有紀錄或表格列出距骨各面的出現頻率。這很重要，因爲表列是機率量化的關鍵，讓人得以用數字表達某一面出現的機率。中世紀有一首很獨特的詩歌，完成於一二二〇年至一二五〇年之間，名叫《維圖拉》（*De Vetula*），詩中表列了三枚骰子可能的投擲結果，但這個概念要到十七世紀初才逐漸普及。伽利略於一六二〇年研究了三枚骰子的投擲結果；之後到了十七世紀中葉，對於機率的理解才開始突飛猛進。

雖然隨機事件無法預測，但要發現這類事件背後有其規則，其實需要理解力的大幅躍進。我們完全無法預測每一次投擲硬幣會出現正面或反面，卻可以確定投擲一千次大約會有五百次的正面。發現這一點，是人類理智的一大進步，跟我們發現重力是宇宙的萬有引力一樣偉大。

由於躍進幅度實在太大了，直到現在，許多人還是難以理解隨機事件的某些性質。例如某一枚（沒有灌鉛的）硬幣出現正面的機率大約是百分之五十，但當該枚硬幣投擲十次大量出現正面時，許多人都會覺得硬幣會自我平衡，接下來將出現比較多次反面。其實不然。這個執念非常普遍，甚至有了專屬的名稱，就叫**賭徒謬誤**。（gambler's fallacy）

正確答案是接下來出現正面和反面的次數還是大致相等，起初大量出現正面的高頻率會慢慢降低，使得最終出現正面的次數接近一半。例如前十次投擲出現八次正面，比例是八成，但接下來十次的期望值不會是兩次正面，讓正反面的次數平均，而是五次正面，就和單獨投擲十次一樣。實際次數可能高於五次，也可能少於五次，但最可能就是五次上下，偏差愈大愈不可能出現。這二十次投擲可能出現8＋5＝13次正面，比例是〇．六五，更接近期望值〇．五，而非最初十次投擲的〇．八。**抵銷**起初大量出現正面的，不是接下來十次投擲出現特別多的反面，而是隨著投擲的次數增加而將之**稀釋**。

你要是覺得上述結果違反直覺，賭徒謬誤才正確，那你有很多夥伴。機率向來以違反直覺而聞名，勝過所有其他的數學概念，有時就連大數學家都會陰溝裡翻船。不過，我們只要知道重點在於，單獨事件無法預測，但多次的結果是可以預測的。莊家可能無法告訴你哪一匹馬會贏，但長期平均來看，他們對的次數比錯的次數多（所以他們才說莊家從來不騎腳踏車）。

十七世紀以前，人們一直認爲隨機事件本質上是不可預測的，根本不會想到量化機率。既然骰子可能出現六點中的任何一點，就無法事先預測，事情就是這麼簡單。加上古代的隨機化裝置（如踝骨或羅馬骰子）不是非常一致，不同骰子出現六的機率可能略有差異，更加深了這個看法。[7]

值得一提的是，機率可量化的想法跟宇宙是預定的看法是同時出現的，也正是牛頓（Isaac Newton）、虎克（Robert Hooke）、波以耳（Robert Boyle）、萊布尼茲（Gottfried Leibniz）和惠更斯（Christiaan Huygens）爲現代科學立下基礎的年代。我之前提到這些科學家將宇宙視爲一只鐘錶，依循定義清楚的物理因果律，按著預定的方向前進。問題是隨機事件的存在和宇宙預定論似乎是不相容的，兩者互相對反。或者兩者其實不是對反，而是互補，預定論科學觀的進展逐漸去除無知所造成的不確定。根據這個觀點，對機率的理解和對宇宙預定論的認識會同時出現突破，或許就不足爲奇了。此外，破解物理定律的心態也會鼓勵科學家採取同樣的量化法，來研究隨機事件。一旦理解自然物理定律不再被視爲褻瀆神明，那麼就算隨機事件被看成神的旨意，預測這類事件可能出現何種結果，也就不是不敬的行爲了。

十七世紀中葉是人類理解機率的轉捩點。討論機率的書首次出現，並且常出自賭博的啓發。荷蘭科學家惠更斯於一六五七年出版了《機率遊戲原理》（*De Ratiociniis in Ludo Aleae*〔*On Reasoning in Games of Chance*〕），義大利數學家吉洛拉莫．卡達諾（Girolamo Cardano）的《機率遊戲論》（*Liber de Ludo Aleae*〔*The Book on Games of Chance*〕）則於一六六三年出版（但寫於一五六三年或更早）。除了機率，惠更斯還以他對天文學和物理學的貢獻而聞名，不少人稱他爲荷蘭的牛頓，卡達諾則對代數、流體力學、力學和地質學有重大的貢獻，顯示人類對於預定論科學和機率的瞭解是攜手並進的。荷蘭政治家兼數學家約翰・德・維特（Johan De Witt）於一六七一年出版了《終身年金和債券回購之比較》（*Waardije van Lyf-renten near Proportie van Los-renten*〔*The Worth of Life Annuities Compared to Redemption Bonds*〕），討論如何計算年金的價值。年金就是購買者付出一個總額的金錢，以交換定期收入直到過世爲止，而金額的計算跟年度死亡率有關。

機率發展史上有一段重要的插曲，名爲**點數問題**（problem of points），主要探討賭局提前結束時該如何分配賭金。這個問題後來於一六五四年由法國數學家費瑪（Pierre de Fermat）和帕斯卡（Blaise Pascal）在通信期間解決了，但義大利文獻顯示早在一三八〇年就有人提到，[8] 後來分別於一四九四年（義大利數學家路加・帕西奧里〔Luca Pacioli〕的著作[9]）、一五〇〇年代（同樣是吉洛拉莫・卡達諾）和一五五八年（喬凡尼・佩佛隆〔Giovanni Peverone〕[10]）陸續出現。費瑪和帕斯卡的書信往返是由法國貴族梅黑（Méré）促成的，他是路易十四的朝臣，雖然一般經常將他貶爲「賭徒」，但他其實博學多聞。梅黑向帕斯卡提起點數問題：若賭局提前結束，每位玩家現有的點數是確定的，贏得賭局所需的點數也是，因此問題是每位玩家贏得賭局的機率。只要確定這一點，就可以照著分配賭金。這樣即使賭局未完，還是能公平分錢。假設每位玩家贏得每一點的機率相同，我們就能算出，賭局繼續的話，每位玩家獲得所需點數。而贏得賭局的機率就是他們的獲勝機率。

如果你認為基本結果的出現機率相等（例如硬幣出現正面和反面的機率相等，或骰子各面出現的機率都是六分之一），那要計算比較複雜的機率並不難（例如三枚硬幣都是正面向上或兩顆骰子都是六點）。然而，當基本結果的出現機率不相等，甚至連「基本結果」是什麼都必須考慮時，計算機率就困難多了。例如計算你明天出門滑倒的機率時，有所謂的基本結果嗎？《波華亞邏輯》是第一本討論如何計算這類複雜情況的機率的書。

人類對機率和或然性的理解於十七世紀播下種子，很快長成了龐然巨樹。瑞士數學家雅各布．伯努利（Jacob Bernoulli）一七一三年出版了《猜度術》（*Ars Conjectandi*〔*The Art of Conjecturing*〕），法國數學家亞伯拉罕．棣美弗（Abraham de Moivre）一七一八年出版《機會論》（*The Doctrine of Chances*），世界就此徹底改觀。

不過，機率遊戲不是唯一的推動力。十七世紀大數學家萊布尼茲還建議將數值機率應用在法律問題上。聽起來很合理，畢竟法律判決經常涉及「合理懷疑」和「概然性權衡」。不幸的是，法學界的反應凸顯了，十七世紀開始的機率革命至今尚未完成。直到現在，法院還是很少採用正式的機率計算法。英國大律師大衛．奈普利爵士（Sir David Napley）談到統計學家和律師時說過一段話，充分反映了這種態度。他說：「這裡談的大部分事情，在我耳中都是鴨子聽雷，搞不清正反面。還有別忘了，一般律師連用電腦算術都不會。我們對自己在做的事根本不瞭解。」[11]我不知道你怎麼想，但他這番話聽了實在很難令人放心！——附帶一提，據我瞭解，美國法院在這方面比英國先進多了。

我們已經提到概然性在賭博和法律中所扮演的角色，以及兩者如何協助確立了機率的概念，但幕後推手還有許多。

先前提到的數學家帕斯卡還曾提出一個赫赫有名的上帝存在論證，叫作**帕斯卡的賭注**（Pascal's wager）。他於一六七〇年出版的遺作《沉思錄》（*Penseés*）裡主張，由於永恆喜樂的價值無限大，因此理性的人應該選擇虔敬的生活。因爲就算虔敬生活帶來永恆喜樂的機率非常低，乘上無限大的好結果後還是無限大。帕斯卡寫道：「假若上帝存在，他必然徹底無法爲人理解，因爲祂既沒有局部，也沒有極限，跟人完全不同。因此我們無法知道祂是什麼、存不存在……必須孤注一擲。你已經上了牌桌，別無選擇。你會如何抉擇？……且讓我們來權衡相信上帝存在的得失，估算兩者的機率。相信上帝存在而祂確實存在，你就得到一切；相信上帝存在而祂不存在，你什麼也沒失去。因此當然要押上帝存在。」從此，帕斯卡賭注成了哲學家討論的熱門主題，而將不同結果的發生機率乘上其後果以作爲決策參考的作法，現在隸屬於**決策理論**（decision theory），一套利用數學求取最佳選擇的決策方法。

人類瞭解機率和或然性的動機還有一個，就是想瞭解商業世界。十七、十八和十九世紀，國際貿易不斷茁壯，迫使各國和私人企業想方設法因應船難和各種不可預知的災變。保

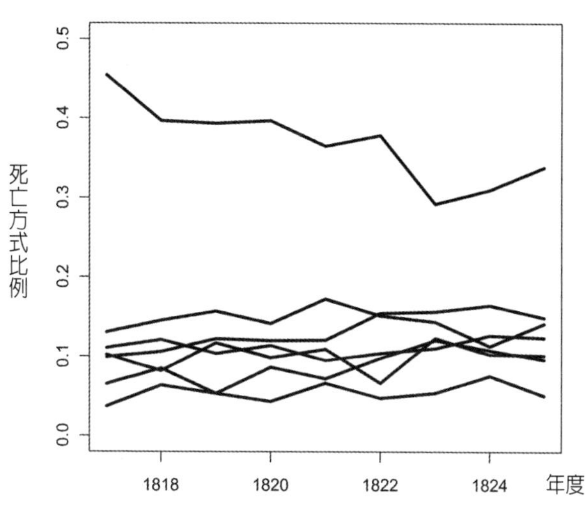

圖三之一：法國塞納省各年自殺方式。[12]

險可以補償這些損失，但前提是得找出方法計算這些不幸事件的可能性。其中一個作法是回顧過去的大批船行紀錄，看有多少比例發生事故。發現這些事件有固定的發生頻率，就像投擲硬幣多次出現正面有固定的比率一樣，意味著我們可以估算來年約有多少比例的船運會平安抵達。這便是精算的由來。雖然保險和年金的概念早在古羅馬就出現了，但直到我們掌握了機率的數學原理之前，估算費率始終像是藝術，而非科學。

機率理論第一次開花結果之後又過了兩百年，比利時統計學家艾多夫·凱特勒（Adolphe Quetelet）奠定了現代社會統計學的基礎，也促成了英國皇家統計學會的成立。他率先將精算的概念應用到其他人類活動上。背後的基本原理是一樣的：雖然個體行爲無法預測，但只要觀察夠多樣本就會看出模式。

圖三之一是依據凱特勒《論人及其機能》（*A Treatise on Man, and the Development of His Faculties*）第八十頁的數據繪製而成。這本書的法文版於一八三五年面世，英文譯本於一八四二年出版。該圖顯示一八一七年至一八二五年間，法國塞納省每年各種自殺方式（凱特勒的用詞是「自戕」）的比例，包括「溺水、槍砲、窒息、墜落、勒斃、切割傷和中毒」。比例最高的是「溺水」。

當然，想自殺的人不會說：「啊，今年溺水自殺的人少了，所以我讓自己溺死好了。」每位自殺者的決定都和其他自殺者無關，但圖表中的橫線穩定得驚人。服毒自殺的比例維持在四%到八%之間，不會跳到四〇%。因此，雖然我們無法判斷某人會如何自殺，但可以大概說出他會採取某種方式的機率。

從或然性最早在機率遊戲中扮演的角色，到它在法律、商業和其他各種領域的應用，我們對機率的瞭解愈來愈深。不過要小心！機率是很難掌握的概念。就算我們覺得有十足把握，還是很容易被它的狡計騙過。現在就讓我們來看看機率的狡計吧。

機率不存在？——只是我們認知世界的方式

如果想用機率來增進我們對世界的理解，就得對機率有清楚的概念才行。可惜就如同之前提過的，機率有許多種。我稍早提出兩個非正式的定義：「某事件可能發生的程度」和「認爲某事件會發生的信心強度」。這兩個定義雖然明顯不同，神奇的是竟然能用同一個數學式子來表達。我之後會多做解釋，但簡單來說，先前提過機率值介於零與一之間，零是不可能，一是絕對會發生。兩個非正式定義都是如此。舉一個比較深入的例子，當兩起事件不可能同時發生，例如某個骰子同時出現兩點和三點，那麼其中一個事件會發生的機率就是兩者各別發生機率的和（在本例中爲1／6＋1／6＝1／3）。這就是機率的**加法原理**（rule of addition），而且上述兩個機率定義都適用。

表達機率定義的數式可以很簡潔，科學家和統計學家也常用它們來計算，例如兩個事件同時發生的機率，或某事件發生後另一事件也會發生的機率等等。目前使用最廣泛的機率數學表達式，出自俄國數學家安德雷．克莫格洛夫（Andrei Kolmogorov）之手。他的經典鉅作《機率理論基礎》（*Foundations of the Theory of Probability*）出版於一九三三年，最初是以德文發行。事實上，理論證明若想維持**融貫**（例如避免機率值大於一），就非得採用克莫格洛夫的機率表達式不可。換句話說，在實際情境中，無論我們如何定義機率，採取哪一種哲學觀點，從不大可能法則推導出來的結果都不會改變。

我不會詳談克莫格洛夫提出的機率**公理化**，但打算介紹幾個從這套公理系統推導出來的關鍵基本定理。首先，讓我們放下之前那兩個非正式的機率定義。它們不是思考機率究竟爲何的唯一角度。不同定義捕捉到機率的不同面向，卻似乎沒有一個能掌握機率的全貌。就好比我們需要從不同的角度觀看某個物體，才能充分瞭解它。我必須翻看一九七一年銀幣的**兩面**，才會知道它一面是美國總統艾森豪的頭像，另一面是阿波羅十一號太空船的徽章。在更高的層次上，物理學家將光子同時視爲波和粒子，以便解釋光子在不同狀態下的行爲。

最常用的機率詮釋有三種，分別是**頻率派**（frequentist）、**主觀派**（subjective）和**古典派**（classical）。當然還有其他的詮釋，我會在本章結尾提到一些。這些不同的詮釋之間關係錯綜複雜，我不想在此多談，雖然其間的差異有時並不明顯，甚至需要仔細思考才會發現，不過還是會隨著理解的增進而愈來愈明白。

機率的頻率詮釋來自物理系統。在相同情境下，物理系統通常會產生大致恆定的相對頻率。這一點我們之前已經討論過。硬幣出現正面的頻率大約是總投擲次數的一半，骰子出現四點（或其他點數）的頻率大約是六分之一。頻率詮釋對機率的正式定義爲：相同情境重複無數次時，某事件出現的比例。根據這個定義，某硬幣出現正面的機率就是投擲該硬幣無數次後，正面出現的比例。

你應該一眼就看出這個定義有執行上的困難。無數次重複？除了硬幣投擲無限多次可能磨損（想想教堂外那些石階）甚至磨光外，我們根本不可能眞的投擲那麼多次。而且是相同情境的重複？沒有兩個情境是**完全**相同的。誠如古希臘哲學家赫拉克利圖（Heraclitus）所言：「沒有人能踏進同一條河中兩次。」

但要是我們將機率的頻率詮釋當成一種理型，就像我在第一章提到幾何學教的點和線，那就說得通了：我們無法重複無數次，但想重複幾次就能重複幾次。換言之，只要投擲足夠多次，就算不是無數次，也能將機率計算到我們所需的精確度。的確，我們無法保證能百分之百精確算得機率，因爲投擲的次數必然是有限的，但不只機率，所有東西我們都無法**完美**測得。我可以精確測量桌子的長度到一公分，甚至一釐米或一奈米（當然並不容易），但不可能到小數點之後無限多位。因此，硬幣出現正面的機率無法完全精確算得，或許其實不是什麼嚴重的問題。

頻率詮釋有一個很明顯的特點，就是將機率視爲外在世界（如硬幣或骰子）的一種性質，和物體的長度或質量一樣。主觀機率就不同了。這派觀點不將機率視爲外在世界的某個面向，而是個體認爲某事件會發生的信心程度。投擲硬幣時，你或許認爲出現正反面的可能性各半，因此機率是五〇%。但當你更認識這枚硬幣或投擲者（例如投擲者是魔術師，而硬幣兩面都是正面）後，你可能會調整自己的信心程度，也就是**你的**機率。主觀派認爲機率是個人心靈的內在性質，不屬於外在世界，每個人對於每個事件都有自己的主觀機率。正是因為如此，義大利機率學家布魯諾·德·費奈蒂（Bruno de Finetti）才會在他的名作《機率論》（*Theory of Probability*）裡開宗明義地說：「機率不存在。」[13]意思是機率並非外在世界的性質，而是我們認知世界的方式。

頻率派和主觀派的機率詮釋又分別稱為**射倖機率**和**認識論**（epistemological）機率。射倖的原意為「依投擲骰子決定」，而認識論則是「基於認知」的意思，亦即認為某事件會發生的信念。我們面對的是兩種大異其趣的觀點，而從我們的言談中也明顯看得出來，例如「下屆總統會是女性的機率是〇·八」，裡面就沒有重複無數次選舉看女性出線的比例的概念，只涉及說話者的肯定度和信心。

認識論學派將機率視為「信心程度」，這樣的觀點很有趣，因為它將機運看成無知程度的展現。因此，這一派的論點，跟十七世紀中葉催生機率理論的一神論信仰不謀而合。當時的人認為我們只是不瞭解神的作為，才會覺得某事件出於偶然。不過，我們接下來會看到，現代人認為不確定性的來源更根本，不只是出於對真正原因的無知。

由於這兩派觀點有本質上的差異，你可能覺得不該都用「機率」稱呼。哲學家伊安·哈金（Ian Hacking）曾經指出，重量和質量這兩個概念也有類似的問題。人類直到晚近才知道兩者並不相同，開始用不同的詞彙稱呼。因此，法國大數學家西莫恩－德尼·卜松（Siméon-

Denis Poisson）和安東－奧古斯丁・庫爾諾建議使用法文的chance來指稱主觀機率，用probabilité指稱射倖機率，但英語世界最終並未採納這個提議。

第三個主要的機率詮釋學派爲**古典派**。古典派的基本概念是對稱。若你有一枚**完美的**六面骰子，那就沒有理由預期其中一面出現的次數會超過其他面。由於每次投擲必會有一面朝上，因此六面出現的機會應該均等，也就是機率爲六分之一。這個詮釋拿來解釋機率遊戲非常好用，因爲這些遊戲使用的都是對稱的隨機化器具，如骰子或硬幣。我之前提到吉洛拉莫・卡達諾論賭博的書，[14] 他的博奕基本法則就是古典機率論的好例子：「無論何種賭博，最基本的法則都是條件相等……金錢、狀態……和骰子的相等。只要偏離均等，若有利於對手，你就是傻子；有利於你，你就不公正。」就算骰子六面切割得不完美，也非常接近，但日常生活的各種情境通常沒有清楚的對稱性，要如何應用古典機率論就不是那麼明顯了。比方說，我們要怎麼用古典派詮釋來計算某人死於癌症的機率？

頻率派、主觀派和古典派是最常見的三種機率詮釋，但不是全部。**邏輯機率**是邏輯的延伸，用量化的權重取代直截了當的是與否。在一般邏輯中，我們經常會說「甲蘊含乙」，而換成邏輯機率時，我們會說甲「多少程度上」蘊含乙。這類機率還有其他名稱，包括**信度**、**信念合理度**和**確證度**等等。著名經濟學家凱因斯（John Maynard Keynes）便是邏輯機率的支持者，在**《機率論》**（*A Treatise on Probability*）中描述了這套觀點。

還有一個機率詮釋學派是**傾向派**（propensity interpretation）。該論點將機率視爲某物體以某種方式動作的傾向，例如我可能認爲這枚硬幣有出現正面的傾向（而公平的硬幣出現正面的傾向是五〇％），比較容易擲出正面。你可以將這種機率想像成脆弱度：盤子的脆弱度就是它摔到地上破掉的傾向強弱。

機率的詮釋汗牛充棟，以上只介紹了其中幾種，遠不是全部。機率是一個很難把握的概念，無數哲學家與研究者畢生試圖精確定義它。但機率最驚人的性質之一就是（至少）最主要的三種詮釋——頻率派、主觀派和古典派——都能用同一套數學公式來表達。

機率法則——條件機率、大數法則、中央極限定理、常態分布

不大可能法則建構在機率理論的基礎之上。本節將簡單介紹這些攸關不大可能法則的基礎原理，更詳細的說明請見「附錄二」，我將示範如何實際計算各種機率。

我們已經討論過硬幣出現正面、骰子出現六點和下屆總統是女性的機率，然而這些都是獨立事件。只要算出該事件的機率，事情就解決了。眞正好玩的其實是多重事件。巧合就是一個例子，因爲它涉及兩起以上同時發生的事件。因此我們首先得計算兩起事件同時發生的機率，例如教宗辭職和聖彼得大教堂**同時**遭到雷擊的機率。只要能算出這個機率，三起以上

事件同時發生的機率就不難計算了，因爲三起事件同時發生其實就等於前兩起事件**和**第三起事件同時發生而已。

首先是最簡單的情形：某事件發生與否完全不受其他事件影響。例如我的鬧鐘故障不響的機率跟你中不中樂透無關。我的鬧鐘不響不會讓你更容易中樂透，響了也不會。這時，我們會說兩個事件是**獨立**的，而它們同時發生的機率很好計算，就是兩個事件的機率相乘。假設鬧鐘不響的機率是十分之一，中樂透的機率是一百萬之一，那麼無論鬧鐘有沒有響，你贏得樂透的機率都是一百萬分之一，因此我的鬧鐘不響**和**你中樂透同時發生的機率就是一千萬分之一。

相依事件的機率計算就比較複雜了。當甲事件的發生機率和乙事件的發生機率有關，兩者就是相依事件，例如鬧鐘不響比鬧鐘響更可能讓我錯過火車。這時的機率就不等於兩者的發生機率相乘，而是甲事件的發生機率乘上**已知甲事件發生時**乙事件的發生機率。換句話說，鬧鐘不響**而且**我錯過火車的機率，就等於鬧鐘不響的機率乘上鬧鐘不響且我錯過火車的機率（有可能是一！）。

已知乙事件發生時甲事件的發生機率，稱爲甲事件的**條件機率**（conditional probability）。條件機率對於不大可能法則非常重要，因爲某事件雖然通常不可能發生，但在某些情況下的發生機率卻會大增。我的好友在紐約發生意外的機率確實非常低，因爲他住在倫敦，很少造訪紐約。但要是他搬到紐約，機率就會顯著提高。

如果算出兩起事件**同時**發生的機率，是不大可能法則的任脈，那麼算出兩起事件**至少發生其中之一**的機率，就是督脈了，例如我週一、週二或這兩天都上班遲到的機率。假設兩起事件不可能同時發生（稱爲**互斥**或**不相容**事件），那麼計算至少其一發生的機率就很簡單，只要將兩者的機率相加即可，因爲兩件事同時發生的機率是零。明天早上我會七點前或八點後到，或七點前且八點後到辦公室的機率，就是我七點前到及八點後到的機率和，因爲我不可能同時七點前到**又**八點後到。

然而，要是兩起事件**可能**同時發生，事情就有一些複雜了。假設我週一有六成比例遲到，週二有七成（都是該死的鬧鐘！），那麼兩者相加就表示我週一或週二或兩天上班都遲到的機率爲0.6＋0.7=1.3。可是這很荒謬，因爲機率值爲一就代表事情必然發生，不可能比必然還必然！只要列出所有可能的結果，就能看出這個算法的問題。

可能的結果有四個：兩天上班都遲到、週一遲到但週二沒有、週二遲到但週一沒有，以及兩天都沒遲到。週一遲到的機率包括下列兩者：兩天都遲到的機率**和**週一遲到但週二沒遲到的機率。同理，週二遲到的機率也包括兩者：兩天都遲到的機率**和**週二遲到但週一沒遲到的機率。

如果我們直接將週一遲到和週二遲到的機率相加，就會重複加到兩天都遲到的機率。爲了修正這一點，就必須扣掉重複計算的部分。比方說，假設兩個事件是獨立的（亦即我週一遲到不會影響週二遲到的機率，反之亦然），那麼如前所示，兩天都遲到的機率就是兩者的機率相乘，也就是0.6×0.7＝0.42。1.3扣掉0.42是0.88，這個答案合理多了！

除了上面介紹的基本規則，不大可能法則還應用了一些比較高等的概念。因此在本節結束前，讓我們來看看其中兩個。

首先是**大數法則**（law of large numbers）。這個法則雖然較爲高等，但還是很基本，意指從一組數值中隨機挑選一連串數值，其平均值將愈來愈接近該組數值總和的平均。假設現在有一組數值爲｛1, 2, 3, 4, 5, 6｝，其總和平均值爲（1＋2＋3＋4＋5＋6）/6＝3.5。接著從該組數值中連續隨機抽取一個數字，抽出後立刻放回，因此同一個數字可能重複出現。例如我挑出來的數字可能爲3, 6, 2, 2, 4, 1, 5, 3，一直到我決定結束爲止。依據大數法則，我挑出的數字愈多，其平均值就愈接近三．五。要是我挑了非常多數字，這些數字的平均值很難偏離三．五太遠。

你很容易就可以親自測試這個法則。例如一組數值爲｛1, 2, 3, 4, 5, 6｝，你只要投擲骰子，得出的點數就是在這組數值範圍內的一個隨機值。因此，只要連續投擲骰子，然後計算所有擲出點數的平均值即可。

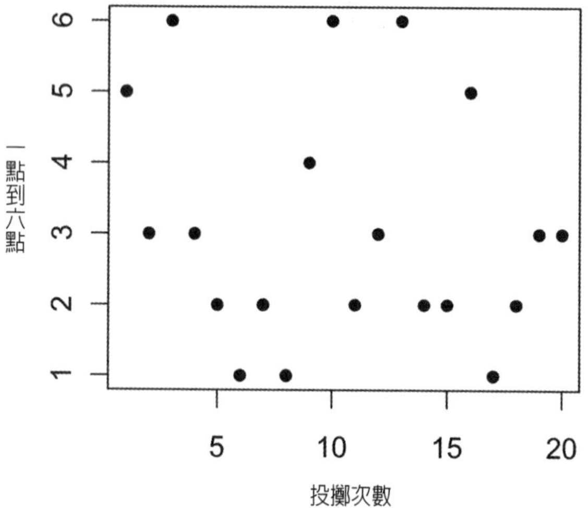

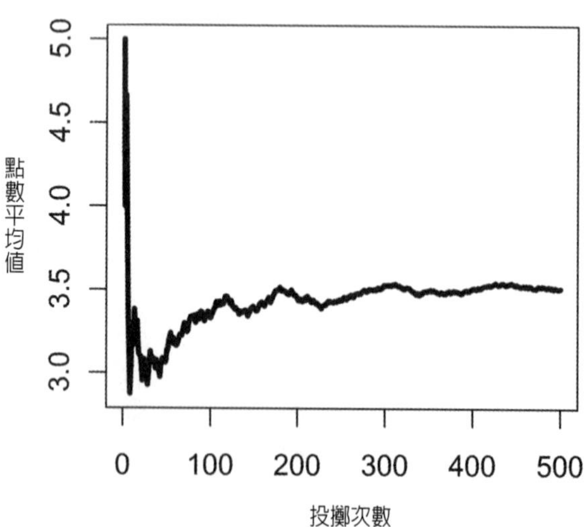

圖三之二：大數法則。樣本數增加，平均值將收斂到一定值。

爲了幫你省點事，我就替你做了吧。但我沒有連續投擲五百次骰子，而是投機取巧，用電腦從 {1, 2, 3, 4, 5, 6} 中隨機挑選五百個數字。圖三之二是我取得的結果。上表的圓點代表每次投擲虛擬骰子所得的點數，範圍爲前二十次。橫軸是投擲次數，從一到二十，縱軸則是每次投擲所出現的點數，從一到六。例如第一次投擲點數爲五，第二次是三。下表顯示投擲次數不斷增加時，擲出點數的平均值變化。

從下表左側可以看到，起初投擲次數不多時，我每多擲一次，新的點數平均值就會劇烈變動，起伏極大。但隨著投擲次數逐漸增多，點數平均值的變動開始和緩，愈來愈收斂。等我投擲五百次（亦即下表右側），點數平均值已經非常接近三．五了。

你可能察覺我們之前就見過大數法則了。你有時會聽到別人用比較通俗的名字稱呼它，叫作平均律（law of averages）。還記得賭徒謬誤嗎？就是誤以爲前面投擲硬幣大量出現正面，會讓接下來大量出現反面，以平衡正反面出現的次數。但實際情況是大量出現的正面會逐漸被稀釋，使得正面出現的比例愈來愈接近一半。一半（〇．五）正好是零與一的平均值。換句話說，這只是大數法則的結果。

我們不難瞭解大數法則爲何會成立。假設我們投擲一枚公平的硬幣。投擲一次出現正面的比例一定是零或一。投擲兩次出現正面的比例可能是零（兩次均非正面）、一（兩次都是正面）或二分之一（一次正面、一次反面）。出現一正一反（也就是一半）有兩種方式，先正後反和先反後正，另外兩種情形（兩正或兩反）都只有一種。投擲三次的可能結果更多，但極端結果（三次都正面或三次都反面）只有一種方式，而其他的結果（兩正一反或一正兩反）都有三種方式。

現在跳到第一百次。投擲一百次硬幣出現一百次正面就只有一種方式，但出現九十九次正面和一次反面有一百種方式（首次是反面或第二次是反面或第三次是反面或……）。依此類推，投擲一百次硬幣出現九十八次正面和兩次反面有四千九百五十種方式，九十七次正面和三次反面有十六萬一千七百種方式等等，直到五十次正面和五十次反面約有10^{29}種方式。從這些數字可以看到，正反面出現次數大致相同的機會，遠超過其他組合。換句話說，正面出現的比例極可能非常接近二分之一，也就是零與一的平均值。

不大可能法則所倚賴的另一個高等概念是**中央極限定理**（central limit theorem）。讓我們再次假設要從 {1, 2, 3, 4, 5, 6} 這組數值中隨機挑選數字，每次挑完一個就放回去，並且同樣使用骰子當工具。我們先挑五個數字，計算平均值，就像驗證大數法則一樣。但接下來不再一直挑數字，而是再挑五個就計算這五個數字的平均值。頭五個數字的平均值可能跟次五個數字的平均值不同。假設如此重複下去，每挑五個數字就計算其平均值，我們便會得到一系列平均數。

每次挑選五個數字（樣本數爲五）沒什麼特別意義，也可以挑選十個、二十個或一百

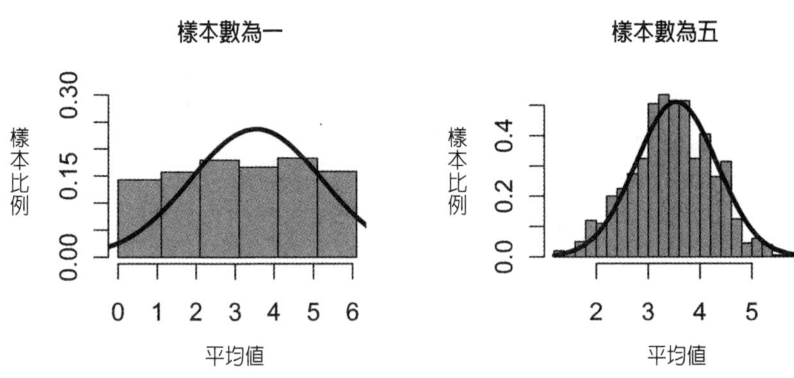

圖三之三：中央極限定理。當樣本數增加時，樣本平均值的分布會愈來愈接近常態分布。

個。每個樣本數都有其固定的平均值分布形態，而中央極限定理就是在告訴我們，樣本數愈來愈大時，平均值分布會有什麼變化。依據中央極限定理，當樣本數愈大，平均值分布就會愈接近所謂的**常態分布**。常態分布又稱爲高斯分布，以德國大數學家高斯（Carl Friedrich Gauss）命名，形狀就像一座大鐘。

底下用圖三之三來說明中央極限定理的效應。爲了簡單起見，我只比較樣本數爲一（挑出的數字就是平均值）和樣本數爲五的情形。其中灰色直方圖爲兩個樣本的平均值分布，黑線則爲最符合平均值分布的常態分布曲線。左側直方圖幾乎是平的。這樣的結果並不稀奇，因爲樣本數爲一時，平均值一定是一到六其中一個數字，而且各數值出現機率相等，都是六分之一。相較之下，樣本數爲五的平均值分布（即右側的直方圖）更接近典型的常態分布。

常態分布對於統計學非常重要。十九世紀末，英國維多利亞時代的博學家法蘭西斯．高爾頓（Francis Galton）在統計學等多項領域有重大的貢獻。對於常態分布（他稱之爲「誤差頻率法則」〔law of frequency of error〕），他是這麼說的：「誤差頻率法則訴說著優美的宇宙秩序，環顧世間眞理，沒有比它更撼動人心的了。古希臘人要是知道這個法則，一定會將它人格化，尊奉爲神。在混沌亂世中，它是謙遜的君王，低調統治一切。事物愈是紛亂混沌，它的威力就愈彰顯。它是無理性世界的至高律法。再多的混亂事物，只要按照大小排列，就會發現其背後一直有著不爲人知的規律，隱藏著世間最美麗的秩序。」[15] 對於常態分布的優美與大能，它將原本不可預測的個別隨機事件變成高度可預測的整體的地位，高爾頓字裡行間充滿了讚嘆。

常態分布是許多自然分布的有效近似。這是因爲我們往往可以將測量視爲許多部分加總再平均後的結果，就像我剛才做的平均值統計一樣。例如你的身高是脊椎、大腿骨、頭骨和其他部位的長度總和。不過，小心一點還是必要的。我們不該期望在自然界找到完美的常態分布，因爲常態分布就和幾何學裡的點線面一樣，是數學的抽象化，是一種理型。難怪教育學家提奧多．米瑟利（Theodore Micceri）會將他的論文取名爲《獨角獸、常態曲線和其他不存在的創造物》（*The Unicorn, the Normal Curve, and Other Improbable Creatures*）。[16]

在之前的簡略模擬中，連右表也不是漂亮的常態分布。數學上眞正的常態分布「兩端」應該延伸到無限遠，也就是量値大小沒有限度。但在我做的示範裡，從｛1, 2, 3, 4, 5, 6｝挑出五個數字然後平均，最大的平均値只會是六（挑出五個都是六），而最小的平均値是一（挑出五個都是一）。自然界也是如此。我們找不到身高三十公尺的高個子，也沒有身高是負數的人。常態分布是很有用的數學抽象，但我們不能忘記它不是自然現象的完美模型，只是自然分布的近似而已。事實上，這一點對不大可能法則非常重要。

從鐘錶宇宙轉爲機率宇宙

第二章介紹的鐘錶宇宙是徹底決定論的。只要給定初始條件，宇宙就會像固定在鐵軌上行駛的火車一樣，按照力學定律沿著必然的路線前進。但隨著我們對自然界的瞭解愈多，這套宇宙觀的漏洞也陸續浮現，讓人開始懷疑其正確性。二十世紀初，這些漏洞的明顯程度達到了最高峰。但就和所有科學概念一樣，這些漏洞的根源也是來自很久以前。

第一個漏洞來自兩個事實的後果：某些系統是天生就**不穩定**的，以及我們永遠無法**完全精確**測量任何事物。讓我們從不穩定性說起。

一顆彈珠沿著浴缸往下滾，無論它如何滑動，最後一定會落進排水孔裡（假設浴缸設計良好，所有表面都朝排水孔傾斜，水都能順利排光）。推動鞦韆讓它搖晃，它最後一定會停在鞦韆架的正下方。然而，一枝鉛筆若用筆尖立著一定會倒，而它倒的方向以及停下的位置，完全取決於起始位置的微小差異。將彈珠放在一顆球上，任何輕微的振動都會讓它滑下來，而它滑落的方向完全取決於那個初始的擾動。

不穩定性的例子還有一個，就是母球撞擊檯邊、反彈撞開其他子球。母球的行進軌跡對於初始條件非常敏感，也就是球的起始方向及速度。由於撞球是球體，滾向另一顆球時只要角度稍微變化，兩顆球的撞擊點就會不同，以不同的角度彈開。每一次撞擊，角度的差異都會變大，因此經過一連串撞擊後，原本微小的差異將變得非常巨大，完全無法推斷母球的位置或方向。我們在第七章會討論一些數字，瞭解非常微小的差異如何迅速加大，最後製造出宏偉的巨觀效應。

在某些系統中，起始條件的微小差異會迅速加大，直到產生巨大的後果。這件事感覺很怪。一百年前，法國數學家龐加萊（Henri Poincaré）寫道：「毫不起眼的微小原因，會產生令人無法忽略的巨大結果……就算自然定律再也不是祕密，我們還是只能概略掌握起始條件……起始條件的微小差異可能讓最終結果天差地別。起始的微小偏誤可能產生巨大的偏差，讓預測成爲不可能。」17

十九世紀末，英國物理學家馬克士威（James Clerk Maxwell）也有類似的說法：「有些現象……數據的微小偏差……這些事件的進程是穩定的。然而，有些現象比較複雜，可能產生不穩定的狀態，而且隨著變數增加，不穩定的例子會急速增長。」[18]這類系統天生就不穩定，因此時間愈久愈難預測它們的狀態。

這兩段話都暗示著，測量起始值時的微小偏差，可能導致我們很難掌握某系統的未來狀態，充滿高度的不確定。你可能會想，那就一開始測量得很精確不就好了。但我剛才提到了，**完全**精確的測量是不可能的。我也許能測量母球的起始位置和速度到小數點後一位或後兩位，但不可能測量到小數點後一百位或一千位，或是超越測量儀器的精確度。換句話說，至少對某些系統而言，我們對其狀態到最後註定是徹底無法掌握的。

起始條件的微小改變會迅速讓人完全無法掌握某系統的狀態，這個現象就叫作**蝴蝶效應**。這個名詞是美國數學家兼氣象學家愛德華．洛倫茲發明的，生動地描繪了這個效應。亞馬遜叢林裡一隻蝴蝶拍動翅膀，可能讓地球另一端的陸地出現颶風，就像我們完全無法預測母球的路線一樣。

洛倫茲使用電腦模擬氣象系統，發現模擬值的微小改變會產生完全不同的氣象系統，因而想出了這個名稱。蝴蝶效應不是比喻，而是真實的現象，但要說蝴蝶拍動翅膀導致了颶風，這樣的因果推論就太過牽強了。從蝴蝶拍動翅膀到颶風生成，其間包含了大量事件。

針對這類現象的研究稱爲**混沌理論**。混沌系統的狀態變化似乎完全隨機，但是它的隨機不是下一個狀態無法預測，因爲狀態之間的接續可以用完全決定論的方程式表達。只是由於初始狀態無法完全確知，而初始值的微小差異可以導致後續狀態出現巨大差異，使得預測成爲不可能。

鐘錶宇宙觀的另一個漏洞，來自我們對電子和其他粒子的觀察，時間同樣是二十世紀初。電子和其他粒子一些看似矛盾、令人不解的行爲，最後讓科學家認爲不確定性存在於物理觀察的最深處。這個看法和一般熟悉的理解相違背。我們認爲只要擁有充分精確的測量儀器，就能量出「眞正」的數值。但就以放射性衰變爲例，次原子粒子何時會分裂成其他粒子是不可預測的。我們算不出衰變時間，不是因爲不知道初始條件或粒子的性質，而是因爲這個事件**本來**就是不可預測的，唯一能計算的只有粒子在某個時間衰變的**機率**。

還有一個法則也凸顯了這種不確定性，那就是「海森堡測不準原理」（Heisenberg uncertainty principle）：對物體的某些成對性質而言，我們永遠無法同時完全確定這兩項性質的狀態。粒子的位置與動量就是其中一例。我們愈確定某粒子的位置，就愈無法確定它的動量，反之亦然。重點是這樣的侷限並非來自測量儀器的不足，也不一定出於測量的干擾（雖然有可能），而是自然界的基本性質。

爲了研究天生無法預測的次原子事件，科學家開始用機率分布或機率「雲」來描述電子之類的粒子。而所謂的機率雲，就是某粒子在受到測量時具有某數量某性質（如位置或速度等等）的機率。其背後的含義是，這些性質的數值唯有測量時才會存在。

不是所有人都能輕易接受這種機率宇宙觀。一九四四年，愛因斯坦在寫給德國物理學家玻恩（Max Born）的信中說：「你相信神會擲骰子，而我相信宇宙有客觀的秩序與定律……即使量子理論在此初期大有斬獲，我還是無法相信宇宙本質上是一場骰子遊戲。」[19] 然而，愛因斯坦只是少數。目前科學界的共識是自然界本質上確實是由偶然驅策的，不確定性是萬物的根基。

一百年前，我們開始從鐘錶宇宙轉爲機率宇宙，如今轉換已經接近完成。我們活在一個由偶然和不確定所主宰的世界。但就像之前提到的，偶然也有法則。這些法則是機率的基礎，而接下來幾章將解釋這些法則和基礎如何建構出不大可能法則。

4 球打出去，一定有事：必然法則

巧合的總和即是確定。

——亞里斯多德

總之一定會有事發生

不大可能法則之下的任何一個法則都可能促成不可能事件，但當所有法則同時作用時，這個法則才眞正發威。接下來幾章，我將逐一介紹這些法則。首先從最重要的法則開始，那就是**必然法則**（law of inevitability）。這個法則很簡單，但經常被忽略，而且說穿了是其他法則的根基。它陳述一個簡單的事實：**一定會有事發生**。

投擲一枚標準規格的骰子，一定會出現一到六其中一點；投擲硬幣一定會出現正面或反面。但爲了百分之百精確，我應該加以補充：骰子會出現一到六其中一點或發生其他狀況

（**例如從桌子滾落地上不見了**），硬幣會出現正面、反面或立著，也可能被飛過的小鳥吞了或掉進地板縫裡等（但我得說，就我自己的經驗，硬幣總是出現正面或反面，沒其他結果了）。無論如何，只要能列出所有可能的結果，就能確信其中一個結果一定會發生。在果嶺上打高爾夫球，球一定會停在**某株**草上、直接入洞（如果我們運氣好或技術佳），或彈出圍籬外掉進別人家院子等等。總之一定會有**某事**發生。

其實，必然法則就是這麼簡單：**只要列出所有可能的結果，那麼其中一個結果必然會發生**。不過，雖然我們知道所有結果之中一定有一個會發生，**卻無法知道是哪一個**。投擲骰子前，我們不知道會出現幾點。投擲硬幣前，我們也不曉得會出現正面或反面（或其他機率極低的結果）。高爾夫球擊出去前，我們不曉得它會停在哪一株草上。

事實上，就高爾夫球的例子來說，如果我們事先選定某株草，反而可以很有把握地說它不太可能停在那株草上。我們會毫不猶豫地押注那顆球不會停在任何一株草上頭，因爲輸錢的機率非常小。

因此，球會停在哪裡有非常多可能：停在某株草上、直接滾進洞裡，或被飛過的信天翁叼走等，每一個結果的發生機率都很低，但一定會有某個結果發生。澳洲維多利亞天文學會的裴瑞．瓦豪斯（Perry Vlahos）舉了一個很棒的例子，跟我的高爾夫球不相上下，只是尺寸更大。他談到即將落回地球的美國太空總署高層大氣研究衛星，說：「要確定它會墜落在哪裡有一點困難，因爲變數太多了，但它一定會落在某個地方。」至少他最後一句話是對的，因爲必然法則。

樂透：一定會中獎，但機率小到不行！

有一件事深受必然法則影響，只是我們或許沒有察覺，那就是樂透。

根據我手上的《新牛津英語字典》（*New Oxford Dictionary of English*），樂透的定義爲「藉由販售編號票券並發獎金給持有某一隨機選中之號碼的票券者來集資的方式」。這套作法由來已久，同樣的原理也早就被人用來挑選陪審團成員和理事會代表。一七六三年，西班牙國王卡洛斯三世（Carlos III）推出樂透來募款，以資助西班牙部隊參與拿破崙戰爭。然而，樂透經常會讓發行者和道德上反對樂透的人彼此對立。的確，由於樂透中獎率極低（還記得那**一株草**嗎？），不少人認爲這只是一種從窮人和最買不起樂透的人身上榨取金錢的手段。

目前的樂透彩券上，通常會有一小組從一大群數字中選出的號碼。例如英國國家彩券上有六組號碼，購買者可以挑選從一到四十九的整數；芬蘭樂透彩從三十九個數字中選出七個；美國賓州凱許五號彩券，從四十三個數字中挑出五個；佛州新范特西五號彩券則從三十六個號碼挑選五個。有時爲了方便起見，這類樂透稱爲r／s彩券，其中s是可挑選的號碼總數，r是應挑的號碼數，例如英國國家彩券的s是49，r是6。你手上的彩券要對中由電腦隨機選出的r組號碼，其機率由r和s的數值共同決定。兩者數值愈大，單張彩券的中獎率就愈低，因爲從s組號碼中選出r組號碼的可能組合也愈多。購買一張英國國家彩券，中獎（分得彩金）的機率爲1/13,983,816，約爲一千四百萬分之一。國家彩券的宣傳說得沒錯，**你也可能中獎**！只是它沒有告訴你，**那機率小到不行**。[1]

有些樂透彩券會要求購買者挑選**兩套**號碼，例如歐洲百萬樂透彩券除了必須從前五十個整數中挑出五個數字，還要從前十一個整數中再挑兩個，因此是5／50＋2／11彩券。美國威力球樂透必須從前五十九個整數挑選五個，再從前三十五個數字挑選一個，是5／59＋1／35彩券（不過這些數字以往曾經更改過）。隨機選號的威力球彩券，中獎機率是1/175,223,510。

假設你買了一張威力球彩券，也就是從一到五十九中選了五個數字，又從一到三十五中選了一個數字，結果中了頭獎，你可能會覺得自己很幸運。你在挑選號碼時也許有什麼邏輯，如出生年月日，這時就可能用第二章提到的某個因素來解釋。但你也可能是用電腦快選機制挑的號碼（大多數樂透彩都有這種隨機選號服務），這時你或許會說頭獎開出同樣的號碼只是巧合。

然而，要是有175,223,510個人買了威力彩，而且號碼都不相同，那麼絕對可以保證會有一個人中頭獎。因爲彩券只有175,223,510個號碼可選，全都被購買者買下了。

這讓你有辦法必中頭獎——只要你錢夠多，買下所有的號碼，一定會有一張中獎。這麼一來，顯然需要強大的動員能力和雄厚的財產，才能買下這上億張的彩券，但不是不可能。事實上還眞有人做了。

一九九〇年代，美國維吉尼亞州立彩券是從一到四十四中選出六個號碼，頭獎機率是1/7,059,052。這個中獎機率比威力球高多了，只要花費約七百萬美元就能保證買到頭獎彩券，因爲所有彩券都在你手上。

一九九二年二月十五日，由於連續數週沒有人中獎，維吉尼亞州立彩券的頭獎彩金飆漲到兩千七百萬美元，創下驚人的新紀錄。其他小獎（部分號碼跟頭獎號碼相同）的總獎金也有九十萬美元，因此總額超過兩千七百萬美元。你可以自己計算：只要花七百萬美元，就能贏得兩千七百多萬美元——不過事情沒這麼簡單，我們晚點再談。

於是，同年二月，一群自稱是國際樂透基金的成員召集了兩千五百位小額投資民衆，湊足了買下所有號碼組合的七百多萬美元。這些投資者多數來自澳洲，但也有來自美國、歐洲和紐西蘭的民衆。

這項工程最困難的或許是動員與調度，因爲這些人必須在一週之內買到總價值七百萬美元的所有彩券。國際樂透基金派了二十人小組到維吉尼亞州，從八家連鎖商店旗下的一百二十五家超商及雜貨店蒐購彩券。事實上，由於工程實在太過浩大，他們最後只買到總額五百萬美元的彩券。這眞是非常不妙，因爲你不難想像他們的焦慮：中頭獎的機率只剩七分之五，不再是百分之百，而且錯過頭獎的機會更超過四分之一。

然而，集資撈獎還有一個更嚴重的風險，並且就算順利達成計畫，買下總值七百萬美元的所有彩券，風險依然存在。那就是可能會有其他人也選中頭獎的號碼。只要有另一人中獎，集資者拿到的彩金就會少一半。事實上，州立彩券過去一百七十次開出頭獎，有十次得主不只一人。雖然只多一人中獎，集資民衆分得的獎金依然可觀，但風險實在不容小覷。

二月那天的頭獎號碼是8、11、13、15、19和20。集資者拿著價值五百萬美元的彩券焦急對獎，結果眞的被他們買到了。

然而，如釋重負的感覺沒有持續太久。維吉尼亞州法律爲了防止有人買入彩券後高價轉售，規定每張彩券均須在購買的端點當場付款。但集資者有價值三百萬的彩券是直接向新鮮農場超市總部購買，再去端點領取的。集資者坦承不諱，但強調他們也在切薩比克那家開出頭獎的彩券行直接購買了彩券，因此無法判斷那張中獎彩券是在那家彩券行或是向新鮮農場超市買的。

最後，彩券發行商認爲證明非常困難，追究只會陷入冗長的訴訟，而且不一定會有明確的結果，因此決定將彩金發給集資者。

股票密報詐欺：只要等結果出爐，就能確定結果了

買下所有彩券是利用必然法則獲取大量獎金的一種方法。然而，想靠必然法則賺錢，更可靠的作法是股票密報詐欺——不過，嘗試前最好先想想道德問題。這套詐術結合了必然法則和**選擇法則**（第六章會詳細介紹），原理是只要等到結果出爐，就能確定結果爲何了。

我現在要準確預測（假裝預測）未來十週的股票漲跌。這很困難，如果眞有人做到了，你可能會對他認眞以待，甚至付錢買他下一次的預測。畢竟假設股票每週的漲跌機率各半，那麼湊巧矇對十次的機率會是1/2×1/2×1/2×…×1/2，共十個1/2，也就是1/1,024，將近一千分之一。

底下是我的作法。

我先挑一支股票，隨便哪一股都行，接著挑選一千零二十四名準受害者，寄給他們該支股票下週是漲或跌的預測。其中半數預測上漲，半數預測下跌。由於股票非漲即跌，因此半數的受害者（五百一十二人）會收到錯誤的預測，半數會收到正確的。

接下來我放掉那些收到錯誤預測的人，專心對付收到正確預測的受害者。**其中**半數（兩百五十六人）我預測股票會漲，剩下半數我預測會跌。同樣地，由於股票非漲即跌，因此有兩百五十六名受害者會收到正確的預測，兩百五十六人會收到錯誤的。我再次放掉那些收到

錯誤預測的人，專心對付收到正確預測的受害者，然後如法炮製，就這樣反覆操作，每一回都重新寫信給上週收到正確預測的人。

十週之後，我手上只會剩一個人。其他一千多人都收過錯誤的預測，不再收到我的信。但這個人呢？他看見我連續十週正確預測股票漲跌，這樣的成果實在令人印象深刻，好像我眞的有什麼方法，甚至某種計算公式，能預測股市如何變化。這時我就寫信給他，請他付錢購買我下一次的預測……

其實只要十週過去，一定會有**一組**漲跌組合出現——因爲必然法則的關係。也許是連續十週上漲，或是第一週上漲之後一路下跌，或是第一、三、七週上漲，其餘週數下跌，還是……但無論如何，十週的漲跌組合就只有一〇二四種可能，而我統統納入了。我就像挑了一〇二四個人，給他們每人其中一種漲跌組合，然後慢慢去除沒有出現的組合，直到剩下確實發生的那個——還有那位收到該組漲跌預測的幸運兒。

我在本章開頭就曾說過，**一定會有事發生**。一〇二四種股票漲跌組合一定會有一組出線。但對留到最後而且不曉得我還寄了一〇二三封不太相同的預測信給其他人的那個人來說，我就像鐵口直斷了股價的變動。除非他知道或懷疑另有受害者，否則一定認爲我有能力預測未來，不然就只是運氣好，碰巧猜到那一〇二四分之一的可能。

我們剛才見到了不大可能法則底下的兩個法則：必然法則和選擇法則。我在第六章會詳細介紹選擇法則，但在介紹它之前，讓我們先來看看第三個法則，也就是巨數法則。

5 多看一眼，就能找到四葉草：巨數法則

命運嘲笑著機率。

——愛德華・鮑爾—利頓（E. G. Bulwer-Lytton）

你得很幸運，才能找到四葉的苜蓿草。大多數苜蓿只有三片葉子，大概一萬株裡才有一株是四片葉子。但還是有人找得到。一萬分之一的機率已經很低了，但輪盤連續二十六次出現黑色號碼，感覺更不可能。不過，這種事卻在一九一三年八月十八日蒙地卡羅的一家賭場發生了。賭場輪盤有十八個黑色數字和十八個紅色數字，還有一格綠色的零，因此連續二十六次出現黑色數字的機率是一億三千七百萬分之一左右。

比起這些幸運事件，扔一顆球、結果掉進你杯子裡就算倒楣事了。不過，這種事同樣會發生。一九九九年六月十四日，十四歲的夏儂・史密斯（Shannon Smith）在美國亞利桑那，被一顆射向天空的子彈擊中頭部死亡，從此亞利桑那州禁止民眾對空射擊。

還記得安東尼・霍普金斯拿到被作者喬治・菲佛註記過的那本《鐵幕情天恨》的故事

嗎？一九二〇年代，作家安恩・派瑞許（Anne Parrish）和丈夫在巴黎逛書店時，無意間發現一本《冰雪奇緣故事集》（*Jack Frost and Other Stories*）。她拿給丈夫看，跟他說這是她小時候最喜歡的書。派瑞許的丈夫翻開小說一看，只見扉頁上寫著：「安恩・派瑞許，科羅拉多州科羅拉多泉市威伯北路二〇九號。」

也許書有某種神奇的力量。前些日子，報紙專欄作家梅蘭妮・里德（Melanie Reid）整理蘇格蘭家中的藏書，在頭一個整理的書櫃發現了一本一九三七年出版的烹飪書，是她當初搬來時在外屋找到的，書裡署名「露西亞・凱塞琳・畢米許」（L. K. Beamish）。湊巧發現這個不常見卻很熟悉的名字讓她覺得很有趣，她便將這本書給了好友莎莉・畢米許（Sally Beamish）。畢米許是作曲家，最近剛剛成爲她的鄰居。沒想到露西亞・凱塞琳・畢米許是莎莉的祖母，住在英格蘭。這本書飄洋過海，從英國到美國，從祖母手中來到孫女手上，橫越了整整八十個年頭。

最後一個例子比較沒什麼，不過是我的親身經歷。二〇一二年初，我收到一封電郵，標題爲「和穆爾（Muir）見面」，想安排時間跟一個叫穆爾的人聚會。第二封電郵的標題是「繆爾（Miur）公證人名單」。我以爲第一個字打錯了，是「穆」才對。沒想到那封信是義大利教育、大學暨研究部（MIUR，簡稱「繆爾」）寄來的，根本和穆爾無關，完全不一樣。兩封電郵只是湊巧同時寄到。

這些事的發生機率都非常低，沒有人預期會發生，這就是波萊爾定律的意義。但我們都認爲這種事會發生。這顯然需要解釋，而解釋就來自於不大可能法則的第三項要素：

巨數法則：只要機會夠多，再誇張的事都可能發生。

巨數法則和**大數法則**（非常）不同。第三章曾經提過，大數法則是指大樣本群的平均值變動幅度，小於小樣本群的平均值變動幅度。

你要是這輩子只見過一株苜蓿草，那它正好有四片葉子確實會令人意外。就像前面說的，隨機見到四葉苜蓿草的機率大約是一萬分之一。但你如果遇到苜蓿會多看一眼，那你就不大可能只看過一株，而是只要見到苜蓿，就會忍不住東張西望，尋找其他（甚至很多）苜蓿的蹤影，想找到罕見的四葉草。而且你可能不會單獨尋找，而是跟一群也希望找到四葉苜蓿的人一起找。當然，你和你的夥伴不是唯一這麼做的人。從古至今、從北到南（有苜蓿生長的地方）都有人在找四葉草。這些因素加起來，某人在某時某地找到四葉草的機率就很高了。事實上，只要找的人和次數夠多，發現四葉苜蓿就顯得一點也不意外了，甚至感覺是必然的。這就是巨數法則。

上面提到的其他例子也是同樣的道理。我在收件匣中見到「穆爾／繆爾」接連出現時，第一個感覺是「眞怪」。但我隨即想到：我每天會收到五十至一百封電郵，日復一日、年復一年，這類巧合確實偶爾會發生。同理，全球各地的操作員每天轉動輪盤，從古至今連續二十六次轉輪的次數，多得數不清，絕對超過一億三千七百萬次，因此可以預期，機率只有一億三千七百萬分之一的事件遲早會發生。安恩．派瑞許的巧合發生在一九二〇年代。只要我們願意花時間去找，應該可以遇到夠多這種事發生的場合或機會。只要可能的機會夠多，就不難見到巧合發生。

不少數學家相當青睞巨數法則，因爲它指出凡事必然會有結果。十九世紀英國數學家德摩根（Augustus De Morgan）便說：「只要試了又試，該發生的一定會發生。」[1]二十世紀英國數學家里托伍德（J. E. Littlewood）也曾經提出數個版本的巨數法則。一九五三年，他寫道：「能有一輩子做選擇，遇上機率一百萬分之一的事情，也不算稀奇。」[2]日常生活中充滿大大小小的事件，可以東挑西揀，因此儘管意外本身的發生機率非常低，我們還是不免會遇到幾回。

樂透就是巨數法則的絕佳例子。除非模仿上一章的國際樂透基金集資購買大量彩券，否則我們贏得樂透的機率微乎其微，連贏兩次樂透的機率更是低到不用考慮。但艾芙琳．瑪莉．亞當斯（Evelyn Marie Adams）卻做到了。她在短短四個月內連贏了兩次紐澤西樂透彩，一次在一九八五年，一次在隔年，總彩金五百四十萬美元。[3]四個月內贏得兩次樂透的機率是一兆分之一。[4]

巨數法則可以用在樂透上，因爲紐澤西樂透不是世界上唯一的樂透彩，亞當斯女士也不是紐澤西樂透的唯一買家，更不可能只買過兩張彩券。考慮到全世界樂透彩的數量、買家人數、售出的彩券數和開獎的週數，要達到巨數一點也不困難。就算中獎率極低，只要次數夠多，開出頭獎的機率就非常高，而某時某地某人連贏兩次樂透也就不足爲奇了。我們甚至可以大膽**預言**這種事遲早會發生。

既然如此，加拿大英屬哥倫比亞省威索勒滑雪度假村的一位居民兩年內贏了兩次樂透（一百萬加幣的蘇瑞紀念醫院樂透和兩百二十萬加幣的英屬哥倫比亞癌症基金會生活樂透），還有亞伯達省的卡雷比夫婦（Maurice and Jeanette Garlepy）贏了兩次加拿大樂透彩，也就不讓人意外了。

二獎是只有部分號碼對中，例如六組對中五組。如果二獎也算「中大獎」的話（因爲獎金或許不低），那中獎機率就更高了。這裡其實有兩個不大可能法則的要素在發揮作用，分別是巨數法則和**夠近法則**（第八章會介紹）。

二〇〇七年四月，加拿大安大略省北部柯克蘭湖的羅伯特·洪恩（Robert Hong）贏得了加拿大樂透彩的二獎，共三十四萬加幣。同年十一月，他又贏得了一千五百萬加幣的吃角子老虎獎金。二〇一一年六月，英國苟斯柏鎮的麥克·麥德莫特（Mike McDermott）以他的幸運號碼15、16、18、28、36和49贏得了十九萬四千五百零一英鎊的彩金，其中六個號碼中了五個，外加一個特別號。隔年五月，他又靠同一組號碼中獎了，這回拿走了十二萬一千一百五十七英鎊。二〇一二年，維吉尼亞．派克（Virginia Pike）買了兩張維吉尼亞威力球彩券，結果四月七日同時中獎，都是六個號碼中了五個，爲她各贏得了一百萬美元[5]（我很想知道名叫維吉尼亞的人贏得維吉尼亞樂透的機率是多少，但那是另一個故事了）。

連中兩次樂透很厲害，但顯然還不是最特別的。下一章，我將解釋**組合法則**如何放大巨數法則的效果，讓高度不可能的事件變成最該發生的事件。

樂透連續兩週開出相同號碼，其實沒那麼難：創造巨數

巨數法則指出，只要機會夠多，就算某個事件的發生機率極低，還是應該預期它會發生。但我們偶爾會被愚弄。有時機會的數量其實很多，可是看起來很少，以致我們嚴重低估了某事件發生的可能性，以爲它絕不可能發生，但其實非常可能發生，甚至必然會出現。**組合法則**（law of combinations）也是不大可能法則下的定理，可以促成這種機會數量的大爆發。組合法則指出，互動元素的組合數會隨元素數量增加而呈指數增加。**生日問題**（the birthday problem）就是很有名的例子。

生日問題如下：一個房間裡最少要有多少人，才會讓其中兩人同一天生日的機率超過一半？

答案是只需要二十三人。只要房裡人數超過二十三人，其中兩人同一天生日的機率就超過一半。

你若是從沒遇過生日問題，聽到這個答案可能會大吃一驚。二十三感覺是很小的數目。你也許會這麼想：另一個人跟我同一天生日的機率只有三百六十五分之一，因此隨便一個人跟我**不同天**生日的機率是364/365。假設房裡連我在內共有n個人，而其他每個人和我生日不同天的機率均爲364/365，那所有這n−1人都和我不同天生日的機率便是：

$$364/365 \times 364/365 \times 364/365 \times 364/365 \ldots \times 364/365$$

也就是364/365自乘n−1次。若n爲二十三，機率就是〇·九四。由於這是**沒有**人和我同天生日的機率，因此**至少一**人和我同一天生日的機率就是一減去沒有人和我同天生日的機率（這出自必然法則：某人生日要嘛跟我同一天，要嘛不同天，因此兩個事件的機率總和必然爲一）。1−0.94＝0.06，這個機率非常低。

然而，這樣的計算是錯的，因爲生日問題要問的，並不是某人和**你**同一天生日的機率，而是同一個房間裡任兩人同一天生日的機率。這個機率包括另一個人和你同一天生日的機率，也就是我們剛才計算的機率，但還包括兩個以上的人同一天生日（但和你不同天）的機率。這時，組合法則就登場了。雖然房間裡只有n−1個人可能和你同一天生日，但所有人兩兩配對，則有n（n−1）／2個可能的組合。當n愈大，兩兩成對的組合數就會迅速增加。n爲23時，n（n−1）／2爲二五三，超過（n−1）＝22的十倍。換句話說，當房裡有二十三人時，兩兩配對的組合數爲二百五十三對，但其中只有二十二對包括你。

讓我們來看看這二十三人都不是同一天生日的機率。房裡任選兩人，第二人和第一人不同天生日的機率爲364／365。這兩人不同天生日加上第三人也跟他們不同天生日的機率爲364／365×363／365。同理，這三人不同天生日加上第四人也跟他們不同天生日的機率爲364／365×363／365×362／365。依此類推，房間裡二十三人都不同天生日的機率爲：

364 / 365×363 / 365×362 / 365×361 / 365… ×343 / 365＝0.49

由於房裡二十三人都不同天生日的機率爲○．四九，那其中兩人同一天生日的機率便爲1−0.49＝0.51，正好超過一半。

讓我們從樂透來看看組合法則的另一個例子。二○○九年九月六日，保加利亞樂透彩隨機挑出了六個頭獎號碼：4、15、23、24、35、42。這幾個數字一點也不稀奇，雖然組成的數字都不高於5，卻也不算罕見。另外，頭獎號碼中有兩個數字連號23和24，這種情形出現的頻率卻比一般人想得還高（如果讓一般人從1到49隨機挑選兩個數字，他們選擇連號的次數會低於隨機出現連號的頻率）。眞正驚人的是四天後。二〇〇九年九月十日，保加利亞樂透彩挑出的頭獎號碼爲4、15、23、24、35、42，和上週一模一樣。這件事在當時引起不小的媒體騷動。樂透彩公司女發言人說：「樂透彩創立五十二年來，頭一回發生這種事。本公司對於如此怪異的巧合深感驚訝，不過怪事確實會發生。」保加利亞體育部長史威倫·涅柯夫（Svilen Neikov）則下令調查。[6]這可能是大規模的詐騙嗎？之前的號碼被複製了嗎？

其實，這個巧合又是不大可能法則的另一例證，是巨數法則被組合法則放大的結果。首先，如之前提過的，世界各地都有樂透彩。其次，每天每年都有樂透彩在開獎，讓號碼重複出現的機會大幅增加。第三，組合法則又再次登場：每開一次獎，新的頭獎號碼就有可能和之前**某一個**頭獎號碼相同。如同生日問題，樂透開過n次獎，其中兩次號碼相同的組合就有n×（n−1）/2種。

保加利亞樂透彩是6／49樂透，一次挑六個號碼，因此任何一組得獎號碼的出現機率爲1／13,983,816，也就是說，某兩次開獎號碼相同的機率爲1／13,983,816。然而，三次開獎有**某兩次**開獎號碼相同，或是在五十次開獎中，**某兩次**開獎號碼相同的機率呢？三次開獎有三種可能組合，五十次開獎卻有一千兩百二十五次。組合法則出現了。一千次開獎可能有四十九萬九千五百種可能的組合。換句話說，當開獎次數增加二十倍，從五十變爲一千，配對組合數將大幅增加，從一千兩百二十五種組合暴升爲四十九萬九千五百種，增加了將近四百零八倍，正式進入了巨數法則的範圍。

假設每張彩券有六個數字，那麼需要開多少次獎，抽出兩組相同的頭獎號碼的機率才會高於二分之一，也就是發生的機會比不發生更高呢？按照生日問題的計算方法，得出的答案是四千四百零四次。如果每週開獎兩次，一年就是一百零四次，四千四百零四次只需要不到四十三年的時間。換句話說，只要連續開獎超過四十三年，樂透機抽出兩組相同的六個數字的機會就會超過一半。這可跟那位保加利亞樂透彩女發言人的看法（這眞是怪異的巧合！）相當不一樣。

這還只算一家樂透而已。假如納入全球各地的樂透彩，抽出來的號碼沒有偶爾重複，那才奇怪呢！因此要是有人告訴你，以色列米法哈佩伊斯國家彩券二○一○年十月十六日開出的頭獎號碼爲13、14、26、32、33、36，和幾週前、九月二十一日開出的頭獎號碼一模一樣，你應該不會驚訝才對。雖然你不驚訝，以色列電台可是湧進大量的民衆電話，質疑樂透作假。

保加利亞樂透彩比較特別，因爲相同的號碼連續兩週出現。但巨數法則再加上全球各地那麼多樂透彩持續開獎，會發生這種巧合其實不該教人感到意外，而相同事件之前發生過，也沒什麼稀罕。例如，北卡羅來納州的凱許五號樂透就在二〇〇七年七月九日和十一日連續開出相同的頭獎號碼。

巨數法則造成的樂透彩巧合還有一種，只是沒那麼美妙。事情發生在一九八〇年，當事人是莫琳・威爾考克斯（Maureen Wilcox）。她買了兩張彩券，分別對中了麻州樂透和羅德島樂透的頭獎號碼，只不過很可惜，她對中麻州樂透的是羅德島樂透的彩券，而對中羅德島樂透的是麻州樂透的彩券。購買十種彩券就有十次中頭獎的機會，但十張彩券兩兩配對共有四十五種可能，因此其中一張彩券對中其中一種彩券頭獎的機率，超過你中獎機率的四倍。這顯然不是賺大錢的良方，因爲甲樂透的彩券對中乙樂透的號碼不會帶來任何報償，只會讓你覺得老天爺在開你玩笑而已。

當人和人或物件和物件之間有相互關係時，就要用到組合法則。例如某個班級有三十名學生，他們有許多種可能的相互關係，從兩人一組（共四百三十五種組合）或三人一組（共四千零六十種組合）不斷往上加，最後當然就是所有學生同組，只有一種組合。將所有可能的分組組合加起來，總數是1,073,741,823。換句話說，光是三十名學生就有十億多種可能。一般而言，某集合有 n 個元素，則所有可能的子集合總數爲2^n-1。當$n=100$，總數爲$2^{100}-1$，約等於10^{30}。無論以何種標準來看，都是眞正的巨數。

要是你覺得10^{30}還不夠大，那就想想網路世界吧。全世界約有二十五億的網路用戶，所有人都可以跟其他人一對一或一對多互動，因此配對的總數為3×10^{18}，而所有可能的群組總和則是$10^{750,000,000}$。還記得波萊爾對超宇宙尺度可忽略事件機率的定義嗎？就算機率那麼小的事件，只要給它足夠的機會，還是幾乎確定會發生。

連擲六次骰子都出現同一個數字的幸運兒

我之前說過我收藏了許多骰子。其中一枚相當特別，是對稱的十面體，每一面完全相同。你要是很懂立體幾何，可能覺得我不老實，因為對稱的正十面體並不存在。因此為了取信於你，我只好再多透露一點。這枚骰子是兩端削圓的**圓柱狀**十面體，兩端削圓，因此一定會有一面貼地。骰子上的數字為零到九（若你還是不相信這枚骰子出現任一面的機率相等，那我要說，我還收藏了幾枚**二十面體**骰子，每一面的形狀和大小都相同。我可以兩面給一個數字，使得這枚二十面體骰子出現零到九其中一個數字的機率都相等）。

現在假設投擲這枚骰子兩次，結果出現同一個數字。你可能會有些吃驚，但是不會從椅子上跌下來，因為這種事確實會發生。

然而，假設我們繼續投擲這枚十面體骰子，總共投擲六次。頭兩擲出現同一個數字的機率是十分之一：無論第一次擲出什麼數字，第二次出現相同數字的機率就是十分之一。同理，連續六次出現同一個數字的機率是1×10×10×10×10×10分之一（十自乘五次，簡寫成10^5），相當於十萬分之一，即0.00001。這個機率很小。要是見到同一個數字出現六次，你可能會開始覺得事情並不單純，也許這個骰子只會出現這個數字（還記得我們在第二章提到六面都是六的「初學者骰子」嗎？）。總之，你一定會好奇是怎麼回事。

我們也可以用另一種方式來計算。投擲六次，可能出現任一種數字組合，不會有哪一種組合比另一種更常出現。因此，786543的出現頻率應該和225648相當，也和111654差不多。同樣的道理，000000的出現頻率也應該和其他數字組合相同，111111和222222亦然。六個數字的可能組合有多少？嗯，第一個數字有十種可能，第二個數字也有十種可能，因此頭兩個數字有10×10＝100種可能的組合，其中有十對數字相同，從00、11、22到99。一百分之十是十分之一，也就是頭兩擲出現相同數字的機率，和我們之前計算的一樣。同理，投擲六次出現的數字組合共有10^6種，其中只有十組是六個數字相同（連續六個0、連續六個1、連續六個2直到連續六個9）。因此，六次投出同一個數字的機率是$10/10^6$，也就是十萬分之一，和我們之前計算的一樣。

理論說得夠多了。但無論你用什麼角度去想，我就是連續投擲十面體骰子六次都出現同一個數字。你一定會好奇我是怎麼辦到的。

不過，讓我們來想想另一種情況。假設現在不光是我，而是十萬個人連續投擲十面體骰子六次。我們可以想像重複這個實驗，每次找十萬名自願者各自連擲六次骰子。有時，沒有一人擲出同一個數字六次，有時，有好幾個人擲出，例如其中兩人擲出六個七，另一個人擲出六個一等等。由於六次擲出同一個數字的機率爲0.00001，因此平均而言，十萬人之中應該有一人擲出六次同一個數字。這只是平均，有時我們所有人都擲了六次骰子，可是沒有一人擲出同一個數字，有時不只一人擲出同一個數字。但無論發生什麼情況，我們都不該感到驚奇，因爲巨數法則告訴我們，只要投擲骰子的人夠多，我們就該預期會出現這種結果。

另一方面，讓我們想像實際上的情形。所有人聚集在大廳裡，這十萬人，連續投擲自己手上的骰子六次。其中大多數人只會擲出不太有趣的數字組合，不會引人注目，但某人卻湊巧都擲出同一個數字，全部是零（或一、或二直到六個九）呢？這一定會引來關注，讓人感覺這傢伙是不是有某種神奇的能力，可以連續擲出同一個數字。電視記者會蜂擁而至，關於這傢伙是如何辦到的各種揣測，也會紛紛出爐。是奇蹟嗎？還是他作弊？人類是好奇的動物，一定會尋求解釋。

要是沒有擲出特殊數字組合的自願者覺得沒必要待著，都離開了，只留下那唯一引人注目的結果，不知情的人可能會嘖嘖稱奇。報紙、電視節目、推特和部落格只會報導不尋常的結果（而且肯定會加油添醋說是「十億分之一的機會」），其餘的九萬九千九百九十九人擲出的結果感覺很「隨機」，因此都被遺忘了（選擇性遺忘某些結果也是不大可能法則的面向之一，稱爲**選擇法則**，我們在第六章會談到）。

然而，從科學一點的角度來看，我們可能想要試試這位新興媒體寵兒的擲骰子功力，於是便要求他再擲骰子，重新投擲六次。你覺得會有什麼結果？由於他連續六次擲出同一個數字純屬巧合，只是十萬人中的幸運兒，因此只會產生無聊的結果，就是他這六擲可能出現任何組合，每種組合的出現機率都相同，而且極有可能**不會擲出**同一個數字六次。事實上，他有0.99999的機率不會擲出同一個數字六次，只有0.00001的機率會。這就叫作**趨均數回歸**（regression to the mean），意思是他更有可能擲出六個不起眼的數字，就此消失在人群之中。**趨均數回歸**是選擇法則的其中一面。

你可能覺得這個例子很不眞實，但我之後會提到一些超感應知覺的實驗，感覺和這個例子非常類似。不過在此之前，底下是一個眞實案例，雖然不像擲骰子那麼極端，卻是生死攸關的大事。

二次大戰期間，德國曾經使用一種名爲V−1的有翼飛彈，實際上是裝滿火藥的小型無人噴射飛行器，從歐陸橫越英吉利海峽射向倫敦。由於這些飛彈的墜落地點往往很集中，相距不遠，使得有人開始懷疑飛彈是否經過人爲瞄準。其實只要飛彈的攻擊數量夠大（雖然在本例中，不需要太多飛彈落點接近，就會有人朝這個方向想了），那麼根據巨數法則，我們就該預期飛彈湊巧落點集中的現象會發生。因此這到底是德軍刻意瞄準，抑或純屬偶然？

一九四六年，英國精算學會會員克拉克（R. D. Clarke）解決了這個問題。他將面積一百四十四平方公里的倫敦分成五百七十六個方格，每個方格面積爲四分之一平方公里，然後計算落入各個方格中的飛彈數量。如果飛彈是隨機墜落，那麼受到零枚、一枚、兩枚飛彈（依此類推）攻擊的方格數，就可以依據**卜松分布**（Poisson distribution，以法國大數學家西莫恩・德尼・卜松命名）加以預測。計算之後，克拉克得出結論，飛彈落點接近不是有意造成的，因此飛彈並未經過人爲瞄準。[7] 我們會覺得飛彈好像集中落在某些區域，純粹是因爲飛彈數量的緣故，只需要引用不大可能法則就能解釋了。

移動的視窗——掃描統計與旁視效應

上一節以投擲十面體骰子六次爲例子，我們看到連續六次擲出相同數字的機率只有十萬分之一。現在讓我們更進一步，不要只擲六次就停，而是持續投擲。不是六次，而是二十次、一千次，直到我得到六十萬個數字爲止（反正我手上有得是時間）。在這一組六十萬個數字中，**某處**同一個數字連續出現六次的機率爲多少？

某個特定模式出現在一組大量資料中**某處**的機率爲何，這類問題在許多領域都能見到，例如偵測信用卡交易詐欺、電腦網路侵入、心跡異常，以及引擎瑕疵等。但我們必須很謹慎，因爲巨數法則告訴我們特殊模式是會發生的。因此問題在於大量數字中偶然出現特定模式的機率是多少？我們觀察到的數量高於預期發生的頻率嗎？如果是，那就有理由認爲背後有非偶然的因素在影響。

要回答這個問題，可以先將這六十萬次投擲分成十萬次的連續投擲六次。例如這六十萬個數字的開頭如果是988377777703226112287……，我們可以六個數字爲一組，將它分成988377、777703、226112、87……依此類推。前面提到我們應該預期這十萬組數列之中，會有一組是六個數字相同。事實上，我們知道平均而言，這十萬組數字之中應該有一組才對。

問題是，如果照這個方法將六十萬個數字分組，萬一重複出現的那六個數字正好分跨前一組和後一組，那就不行了。事實上，我舉的就是這樣的例子，雖然出現六個7，卻分別落在第一組和第二組數字裡。我們剛才用來預測連續六次出現同一個數字的機率的方法，無法計入這種可能，因此會嚴重低估這六十萬個數字中，某一個數字連續出現六次的機率。當我們允許組與組之間的數字重疊，同一個數字連續出現六次的機率，就會遠高於忽略這些可能時的機率。理由非常簡單，因爲允許重疊會大幅增加同一個數字連續出現六次的機會。

在這六十萬個數字當中，連續六個數字相同的數串出現在哪一個點上？有一個簡單的作法可以判斷，就是用一個六個數字長的「視窗」，從頭到尾掃過這六十萬個數字，看視窗裡出現六個相同數字的頻率多高。統計學家發明了一種方法來估計，在六十萬個隨機數字中出現連續六個相同數字的機率。這個方法就叫作**掃描統計**（scan statistics），因爲它用一個視窗掃描所有的資料。

如果你覺得骰子的例子太過人工，那就瞧瞧底下的事件。

一九九六年二月二十三日，《今日美國報》（*USA Today*）的頭條寫道：「F–14再度墜毀，軍方下令停飛。」美國海軍二十五天內折損了三架F–14，於是下令暫停飛行任務。F–14雄貓式戰鬥機是由格魯曼（Grumman）公司製造，共生產七百一十二架，從一九七〇年服役至二〇〇六年，是美國海軍的雙人座超音速戰機。第一起事故發生於一九七〇年十二月三十日，至退役前共有一百六十一架墜毀，平均每七十天就有一架失事折損。

偶爾有戰機墜毀是很正常的，一點也不奇怪。畢竟它們必須經常在不可預測的惡劣環境中以極速飛行，容易遭逢意外。然而，短時間內連續墜毀三架戰機，感覺就很可疑了。也許有共同的原因，不只是巧合而已。

爲了搞清楚這個疑點，我們可以將一九七〇年到二〇〇六年按月分段，再利用上一節介紹的卜松分布，來估計一個月內發生三起事故的機率。聽起來很妥當，但就如同骰子的例子，這麼做會漏掉連續事故正好跨月的情形，因此比較好的作法是以一個月爲視窗，從一九七〇年掃描至二〇〇六年，計算其中出現三次事故的次數，然後比較隨機發生的機率，看墜毀出現的頻率是不是高於偶然。事實上，F－14戰機的事故調查便是這麼做的，結果發現，五年之中一個月內發生三起事故的機率超過一半。雖然美國海軍出於懷疑下令F－14停飛，不過我們沒有理由相信接連發生事故不是純屬巧合。

骰子和戰機的例子是一次元的，只涉及線性事件。但二次元以上的事件也適用同樣的作法。

想像你在研究一張地圖，上頭標示了某疾病所有患者的位置。有些疾病是外來因素引起的，例如污染物。如果是這種疾病，我們可能會預期患者的分布地點很集中。日本的水俁市事件就是一個可怕的例子。日本窒素公司在當地排放廢水超過三十六年，水裡的甲基水銀從化工廠進入了食物鏈，在魚類和甲殼類體內堆積，最後進入食用這些水產生物的人類及動物體內，導致幾千人出現了駭人的症狀，甚至死亡。

因此你可能認爲，找出患者集中分布的地點，是評估環境疾病風險的好方法。

美國《赫芬頓郵報》（*Huffington Post*）曾經報導疾病群聚現象：「二〇一〇年十二月的報告指出，俄亥俄州克萊德市（Clyde）方圓十一英里內，十四年來出現了三十五個癌症確診病例。當地居民表示，光是咳嗽就讓他們膽戰心驚，小孩鼻竇炎或胃痛也會讓家長恐慌。」報導接著說：「三月二十九日，美國自然資源保護委員會和國家疾病集群聯盟在美國十三個州，發現了四十二個同樣的疾病群聚現象。」[8]

報導很清楚，但事情沒這麼簡單。就如同之前的一次元案例，我們應該**預期**疾病群聚現象也可能出於巧合。因此我們再度面對同樣的問題，就是如何辨別疾病群聚是出於偶然，或有潛在的原因。這時，掃描統計再次派上用場，它能幫我們判斷，觀察到的群聚現象是否出於巧合。

由於這個案例是二次元的，因此「視窗」不是一段距離，而是平面，例如十平方英里的方格。我們將視窗放在美國地圖上滑動，一邊記錄病患人數。這個數字會隨著視窗移動而改變。只要視窗在某個位置上出現的數字，超過單純出於偶然的期望值，我們就可以懷疑背後有潛在的原因（就像之前提到的日本甲殼類動物污染）。

《赫芬頓郵報》的例子顯示，有時除了地點，還必須考慮時間，因此問題基本上是三次元的。遇到這種情形，重點在於找出特定時間和小範圍區域內，有沒有過量病例出現。這在傳染病傳播初期尤其重要，例如二〇〇二至〇三年爆發的「嚴重急性呼吸道症候群」（SARS），以及二〇〇九年的H1N1「豬流感」。前者當時造成八千多人感染、七百多人死亡。遇到這類疾病，早期發現群聚感染非常重要，這樣才能判斷是否爲**真的**爆發，或者只是隨機事件湊巧同時發生而已。

最後一個例子，讓我們轉到尖端的物理學領域。物理學家經常在大量資料集中尋找反常的密集群。只要知道密集群可能出現在哪裡，分析起來就很簡單；但如果不知道在哪裡，情形便和剛才提到的例子一樣。尋找希格斯玻色子（Higgs boson），就是最好的例子。物理學家必須在天量的資料中，找出希格斯玻色子存在的證據，例如使用**質譜分析**（mass spectrum），計算實驗中不同質量粒子的個別數目。有時理論可以算出高峰（過量粒子）會出現在哪個特定的質量上，分析起來就相對簡單，有時則無法確定高峰所在的位置。這時我們就得掃描不同質量，以尋找粒子數的高峰。而如同疾病群聚和飛彈攻擊，粒子群聚、造成數量高峰，也可能是偶然的結果。

粒子物理學家很擅長取怪名字，當然也沒放過這個現象。檢視大量資料而發現其中的隨機群聚，他們稱之爲「旁視效應」（the look elsewhere effect）。

聖經密碼、蓋勒數11，以及圓周率的必然性

我們剛才討論的現象其實隨處可見，例如某地或某段時間，連續有人自殺、底片出現密集的銀斑、瑞典炎症性腸病患者的生日集中在某些日期、礦物晶體瑕塊、電話通訊瞬間的高峰，以及天體資料庫裡的團星系等。

這些都是群聚事件的例子，不過其他模式也是如此。只要機會夠多，任何模式都會發生，這就是巨數法則。

聖經密碼是一個比較神奇的例子。據說希伯來文聖經藏有預言未來的神祕訊息，例如有人發現創世紀從第一個字母t開始，每隔五十個字母挑出來湊成一個字，正好是希伯來文的torah（摩西五經）。這個發現由來已久，其他聖書也有類似的傳言，連基督教和伊斯蘭教的典籍也不例外。然而一九九〇年代，世人突然對這個現象非常熱中，因爲美國記者邁可．卓斯寧（Michael Drosnin）該年出版了《聖經密碼》（*The Bible Code*）。可惜我們得向卓斯寧說聲抱歉，因爲巨數法則告訴我們其實沒有神祕訊息，只要搬出不大可能法則就能解釋了。

由於聖經包含大量字母，不難找到具有意義的組合。我可以用手指隨便點聖經裡的任何一個字，然後開始尋找各種可能的模式。例如，我可以採用「等距字母序列」法，以水平、垂直或對角線（只要每一頁各行的字對得起來）的方式，每隔幾個字母就挑出一個。由於可能挑出的字母序列和模式爲無限多，要是沒有任何有意義的序列出現，才令人奇怪呢！事實上，要是眞的**找不到**任何有意義的字母序列，不是證明事有蹊蹺，就是你找得不夠仔細！

我認爲狄更斯（Charles Dickens）在《匹克威克外傳》（*The Pickwick Papers*）第四章藏了英文fate（命運）這個字，只要每三個字母（空格也算）挑出一個，就會發現，例如：「the most awful and tremendous discharge that ever shook the earth」。第五章則是藏了doom（厄運）這個字，就在「closed upon your miseries」這一段。爲了找點樂子，我一邊寫這本書一邊留意，發現help（救命）這個字就藏在第三章「同時性和形態共振」那一節的「than he could explain by chance」這段話裡，分別相隔四個字母。另外，help 還出現在上一節的「that we would expect to see」，同樣相隔四個字母。help 出現了兩次，顯然有人躲在我的書裡求我救他！

在古籍或現代書本中尋找隱藏的模式，是尋找祕密訊息的一種方式。還有一種則是數字學，或稱作生命密碼。

數字學是研究數字的奧祕與魔力的學問。可惜這麼做只會白費力氣，因爲事實很簡單，數字根本不具有神奇的力量。事實上，根據定義，數字只有一個性質，就是大小。這正是數字的意義所在。數字是一種抽象的概念，是三隻羊、三聲叫喊和三分鐘共有的性質。然而從古到今，不斷有人賦予數字神祕的意義。直到現在，我們依然有「幸運」數字的概念。

數字學有許多例子都是以出現同樣數字的巧合爲基礎。但我們已經觀察到，依據巨數法則，只要找得夠久、夠多，這類巧合應該會發生。

我就用一個例子來說明數字學的荒謬吧。第二章提到的幻術師尤里．蓋勒對於11.11這個數字序列非常著迷，認爲它經常出現在他的生活裡。[9] 問題是，以他接觸大眾的頻繁程度，巨數法則很可能在他身上發揮效用。他說：「最近幾年，我收到如雪片般飛來的電郵，跟我說他們也發現同樣的事情。例如我收到一位朋友來信，裡面附了一張登機證的相片，號碼就是111，而且在飛機上，他前方那堵牆上有一組數碼『湊巧』是11.11，而登機閘門的編號是11。這全都發生在飛往塞普勒斯的同一班飛機上。」然而，你應該知道出現這種數字組合的機會其實非常高，而且蓋勒的朋友不會寄電郵向他報告所有**不是**這個組合的例子。

發生在美國世貿大樓的九一一攻擊事件，讓蓋勒再次有機會施展數字學（雖然我不是很理解他說「有太多的11.11環繞著這個可怕悲劇，讓我心中充滿希望，在這場攻擊中不幸喪命的人並未白白犧牲」是什麼意思）。他發現：[10]

- 攻擊日期：九月十一日。9＋1＋1＝11。
- 九月十一日到年底（十二月三十一日）還有111天。
- 九月十一日是一年的第兩百五十四天。2＋5＋4＝11。
- 峇里島爆炸案發生在九一一攻擊事件之後，相隔一年一個月又一天。
- 撞入世貿大樓的第一架飛機是美國航空第十一號班機，而美國航空代號是AA，A是英文第一個字母，因此我們又得到11.11。
- 美國航空第十一號班機上，有十一名機組員。
- 聯合航空一七五號班機上，有六十五人。6＋5＝11。
- 紐約州是第十一個加入聯邦的州。
- 五角大廈動工日爲一九四一年九月十一日。

• 世貿中心從一九六六年興建至一九七七年完工，花了十一年。

蓋勒說得沒錯，這些數字「很古怪、詭異、不可思議」，但也許不是他所指的那個意思。他還說：「我很難想像，有人見到這麼多巧合而不好奇的。」然而，尋找特殊的數字組合和它們出現的場合，只是讓巨數法則向上提升，變成超巨數法則而已。找不到這種組合反而奇怪，只代表我們的想像力還不夠。你要是想打發時間，不妨自己挑一組數字來試試。別忘了利用谷歌，它是最好的工具。

講完了奇幻數字學，讓我們回到天平的另一端，來看看圓周率的小數位展開。

圓周率（π）是一個很不尋常的數字，不少人寫了一整本書來談它。不過就我們所要討論的範圍，只需將它展開後的小數點後數字視為從零到九的隨機數列即可。[11] π的小數點後一百位為：

3.1415926535897932384626433832795028841971693993751058209749445923078164
06286208998628034825342117067

由於數字看來是隨機的，無論從哪一點開始，都無法預測下一個數字，因此任何數列都可能出現。當然，找到這串數列可能需要很久，尤其數列很長的時候。事實上，我們可以算出圓周率小數點後一億位以內，出現長度爲t的某特定數列的機率爲何。例如，在這一億位數字裡找出長度爲5（即五位數）的某數列的機率爲一。換句話說，所有可能的五位數組合，都可以在這一億個數字裡面找到。同理，百分之六十三的八位數組合，可以在這一億個數字裡找到。也就是說隨機挑選一個八位數的數列，在這一億個數字之中找到的機率爲○・六三。

如果將圓周率小數點後第一位設爲一號位，第二位爲二號位，依此類推，那麼我的生日以日月年的順序寫成數列時，將出現在第60,722,908號位。[12]

另一個比較複雜的現象，稱爲「自定位」（self-locating）數列。數字學家看到這種數列，肯定會如獲至寶，但對我們來說，這只證明了巨數法則的威力而已。延續上一個例子的定義，所謂的「自定位」數列就是，數值正好和它所在位置一樣的數列。例如圓周率小數點後的自定位數列包括：

1（因爲π＝3.14159…）

16470（換句話說，數列16470出現在圓周率小數點後的16470號位）

44899

79873844

第十章討論宇宙的起源與性質時，還會提到數字的巧合。不過，我們先來看看數字巧合**正好**具有意義且反映出背後結構的例子。

數學有一個分支叫作**群論**（group theory），主要在研究對稱，以及如何改動一個物體讓它看起來和原本的一模一樣。例如將正方形旋轉九十度，所得到的正方形，看起來跟原來的正方形一樣。同理，將正方形沿著對角線翻轉一百八十度，所得到的正方形還是跟原來的一樣，無法區分。群論將這種現象推到極致，在各式數學物件中尋找這類對稱。其中一個名字很炫，叫作「怪獸」，擁有8×10^{53}個對稱元素（這個數字大約等於組成木星的基本粒子種類）。一九七〇年初期開始，有人預言「怪獸」存在。到了一九七八年，研究顯示如果真有「怪獸」，這個奇特的結構將存在於非常多次元的空間裡：196,883次元空間。

英國數學家約翰．麥凱（John McKay）之前就研究過「怪獸」。但一九七八年十一月，他讀的是完全不同的東西：數論（number theory）。數論和數字學不一樣，是研究整數的學問。數論和群論是完全不同的領域，因此當他看見數論裡也有196,883這個數字時，不禁嚇了一跳。他感覺這兩個完全不同的領域，似乎有著之前未曾發現的關聯。他的發現引來數學界的一股淘金熱，積極尋找這個巧合背後的解釋。

不過，兩者的關聯實在難尋。英國知名數學家約翰．康威（John Conway）也參與了研究，並且用「月光」（Moonshine）一詞稱之：「那感覺就像神祕的月光照亮了正在跳舞的愛爾蘭小精靈。」——誰說數學家沒有一顆詩人的心？

數學家馬克．羅南（Mark Ronan）寫過一本書介紹「怪獸」的發現過程，以及數學家在群論和數論這兩個看似無關的領域之間尋找關聯的故事。羅南說道：「帶領我們發現怪獸的方法雖然精妙絕倫，卻無法讓我們洞悉怪獸的驚人本質。直到我們發現怪獸和數論之間有著古怪的巧合，並且和弦論有關，我們才看出了一些端倪。如今，怪獸和數論之間的月光關聯被放在更大的理論框架之下。這些數學領域和基礎物理之間有著深刻的連結，但我們依然未能掌握這個連結的意義。我們發現了怪獸，但它仍是個謎。充分瞭解怪獸，就能掌握宇宙的結構。」[13]

因此，巧合的背後有時候的確有其原因，就像污染物造成的疾病群聚、顯示希格斯玻色子存在的粒子數量異常，以及產生怪獸的**那個東西**。然而，巨數法則告訴我們，只要我們尋找的地方夠多，不大可能法則就會讓我們尋找的古怪組合的出現機率大於一半，甚至遠超過百分之五十。

閃電、高爾夫和動物魔術

雖然閃電是自然力量的懾人展現，但人被雷擊中的機率其實很低，因雷擊身亡的機率更是微乎其微。事實上，氣象學家估計，地球上每人每年被閃電擊斃的機率大約是三十萬分之一，機率非常小。然而，地球約有七十億人口，這是很大的數字，甚至算得上**巨數**。這讓巨數法則有了可趁之機。地球人口衆多，而每人每年被閃電擊斃的機率是三十萬分一，因此**沒有人**死於雷擊的機率爲$10^{-10,133}$，遠超過波萊爾設下的可忽略事件的標準。沒有人被雷擊斃的機率那麼低，表示遲早**有人**會被閃電打死，而據估計，每年確實約有兩萬四千人被閃電擊斃，受傷的人數更達十倍之多。[14]

第七章討論**機率槓桿法則**（law of the probability lever）時，我會再談閃電和雷擊機率的問題。機率槓桿法則是不大可能法則之下的另一項要素，主要在談環境或條件的細微不同，如何造成機率的巨大差異。這項法則對閃電的例子特別重要，因爲三十萬分之一的機率是**統合平均**（global average），也就是不分都市或鄉間，不分礦坑裡的礦工（那裡不常會有閃電擊中人）或大草原上的牧牛人，也不分國家。其實在開發程度較高的美國，雷擊致命的機率低得令人放心，只有四百萬分之一。關於統合平均有一則老笑話：只要把你放在烤箱裡的腳的溫度，加上放在冰箱裡的頭的溫度除以二，就是你的體溫。

除了樂透和閃電，高爾夫球也是許多不大可能事件的來源，例如第一章提到兩名選手連續打出一桿進洞，就是很好的例子。然而，高爾夫球跟樂透或閃電有一處不一樣。打高爾夫球的**目標**就是一桿進洞，因此選手會鍛鍊這種能力，也就是提高一桿進洞的機率，於是不同的人擊出一桿進洞的機率也不相同。例如老虎伍茲打出一桿進洞並不稀奇，但我擊出一桿進洞，肯定值得大書特書。老虎伍茲實際打過十八次一桿進洞，傑克．尼克勞斯（Jack Niklaus）的職業生涯擊出過二十一次，阿諾．帕瑪（Arnold Palmer）和蓋瑞．普雷爾（Gary Player）都是十九次。儘管如此，一桿進洞還是相當罕見，這從頂尖職業選手擊出的次數也不多就看得出來。事實上，美國職業高爾夫協會還建檔記錄所有選手擊出一桿進洞的細節，[15]網路上也不只一個相關網站，[16]可見一桿進洞有多稀罕。

一桿進洞的機率約爲一萬兩千七百五十分之一。假如這個數值大致正確，那麼巨數法則告訴我們這種事照理會發生，因爲全球有許多高爾夫球場，每天都有非常多人打球，而且反覆地打，每打一回合就要開球十八次，加起來就讓一桿進洞有非常多機會發生。因此，我們不但應該**預期**一桿進洞會出現，而且可能不時就會發生一次，無趣得很。

的確如此。在所有擊出一桿進洞的人當中，最年長的應該是來自加州奇哥市、一百零二歲的艾兒西．麥克琳恩（Elsie Mclean）女士。年紀最輕的是五歲的凱斯．隆恩（Keith Long），一九九八年在密西西比州一桿進洞。[17]截至我撰寫這本書時，一桿進洞的紀錄保持者是美國業餘高爾夫球員諾門．曼利（Norman Manley），五十九次。

事實上，巨數法則告訴我們更不可能的事件一樣會發生，例如同一人連續兩天擊出一桿進洞。二〇〇六年八月二日，美國《時代》雜誌駐華盛頓記者提姆．瑞德（Tim Reid）在報導中寫道：

> 美國一名業餘高爾夫球選手，昨天在德州連續兩天於同一洞擊出一桿進洞，立刻成爲全美高爾夫球俱樂部的熱門話題。五十三歲的丹尼．里克（Danny Leake）週六先在第六洞，以五號鐵桿擊出距離一百七十四碼的一桿進洞，週日又在同一洞，以同樣的鐵桿擊出距離一百七十八碼的一桿進洞。[18]

另外，漢斯丹頓（Hunstanton）高爾夫俱樂部的網站也有一篇報導：

> 漢斯丹頓也發生過驚人的巧合。一九七四年，業餘選手鮑伯．泰勒（Bob Taylor）在東部四郡四人對抗賽的練習賽時，擊出一桿進洞，隔天正式比賽又擊出一桿進洞，再隔天又是一桿進洞。如果你覺得連續三天擊出一桿進洞不稀奇，那麼他都是在一百九十一碼、標準桿三桿的第十六洞打進的，這就稀奇了吧！[19]

巨數法則也可以解釋動物通靈現象。這些動物似乎能通靈，可以預測未來或指出事件發生的時間。

二〇一〇年世界盃足球賽期間，德國歐柏豪森（Oberhausen）海洋世界的「章魚哥保羅」，準確預測了德國隊七場比賽的勝負和決賽結果。方法是在魚缸裡擺兩個裝有食物的箱子，上頭分別插著比賽球隊的國旗，然後讓保羅挑選。八次預測正確的機率是2^8分之一，也就是兩百五十六分之一。這個機率不是很低，從巨數法則的角度看更是不起眼。老實說，因爲兩百五十六分之一的機率一點也不低，這種事根本不需要「巨量」機會就可能發生。然而，保羅的「超能力」還是讓牠立刻成爲媒體寵兒，不但成爲西班牙某市鎮的榮譽市民，還當上英國爭取二〇一八年世界盃足球賽主辦權的親善大使。不幸的是，歐柏豪森海洋世界表示，保羅沒辦法參與下次世界盃了，因爲牠已經於二〇一〇年十月二十六日星期二清晨在魚缸裡悄然離世。不過，海洋世界主任史戴方．波沃爾（Stefan Porwoll）說：「值得安慰的是，保羅度過了美好的一生。」保羅的「經紀人」克里斯．戴維斯（Chris Davies）則表示：「這是令人哀傷的一天。保羅是獨一無二的，幸好在牠離開塵世之前，我們錄下了牠的身影。」

章魚哥不是唯一的通靈動物。只要找的動物夠多，預測夠多的體育比賽，巨數法則就會發揮功用。

臨床心理學家米克・鮑爾（Mick Power）想到的是新加坡的鸚鵡曼尼（Mani）。曼尼正確預測了世界盃七場比賽，但錯了第八場（所以還是差了保羅一截）。[20]不過，巨數法則有一個副作用，就是你會預期出錯的動物比猜對的動物多。在德國謝姆尼茲（Chemnitz）動物園，豪豬里昂、侏儒河馬佩蒂、祕魯天竺鼠吉米和狨猴安東，都猜錯了決賽的結果。中國的章魚小哥和荷蘭的章魚寶琳的決賽預測也錯了，愛沙尼亞的黑猩猩皮諾和非洲野豬艾普斯林，還有澳洲鱷魚哈利也都沒有猜對。

這類故事實在沒完沒了，顯然有它吸引人心之處。二〇一二年五月二十七日的《週日泰晤士報》（*Sunday Times*）報導，英國「東蘇塞克斯郡艾許當市（Ashdown）有一隻駱馬，正確預測了切爾西將贏得足總盃和歐洲冠軍盃雙料冠軍，但下個月在基輔舉行的歐洲盃足球賽，牠將面臨主辦城市一隻神豬的挑戰。發言人說，牠是一隻『獨一無二的預言豬，是土生土長的烏克蘭神獸，能洞穿足球的奧祕』。這隻豬每天下午四點會預測隔天的比賽結果……不過，共同主辦國波蘭比較信賴大象西塔。牠靠挑選漆有隊服顏色的蘋果，正確預測了歐洲冠軍盃的決賽結果，因而擺脫了驢子、鸚鵡和另一隻大象的競爭，脫穎而出。去年在斯洛伐克舉行的國際冰上曲棍球巡迴賽，有人讓一隻名叫馬格達倫納的『通靈』雙頭烏龜，在迷你冰上曲棍球場上爬動，結果牠正確預測了多場比賽的勝負」。我比較喜歡大象西塔的故事，因爲讓我想到第四章的選股策略。只要找到夠多的動物做出各種預測，最後一定有一個猜對，而西塔正好是那個幸運兒。

通靈的動物不只會預測體育比賽的結果。只要上網搜尋片刻，就會查到上千種例子，從地震發生前動物行為異常，到狗似乎知道主人快回家了都有。

關於動物可以在地震前感覺到地表震動，有諸多傳聞，不過國際地震預報委員會基本上判定，沒有可信的證據支持這種說法。[21]我們或許可以提醒委員會注意巨數法則以及媒體就是需要聳動的故事。

至於狗的預知能力，相關實驗不多，但有一隻名叫傑弟的㹴犬，牠的女主人宣稱牠能預測她何時回家。「馬修和潘蜜拉……用隨機亂數產生器選出了回家時間（晚上九點），而我則是持續在傑弟最喜歡逗留的窗子外頭攝影，以便完整記錄牠在屋裡的反應。馬修和潘蜜拉從酒吧回來後，我們將錄影帶往回倒，急著想看傑弟的反應，結果牠果眞在馬修他們預定回家的時間跑到了窗邊。這眞是好極了。但當我們繼續往下看，傑弟的超能力開始褪色了。我們發現牠其實很愛到窗邊，前前後後一共去了十三次。隔天我們又做了實驗，傑弟跑到窗邊十二次。」[22]巨數法則再次發威，這次是狗跑到窗邊的次數。只要傑弟常往窗邊跑，主人回家時牠很少在窗邊，才反而奇怪呢。

比你想得少

巨數法則指出，只要某事件發生的機會夠多，就算單次出現的機率非常低，我們還是能預期它會發生。此外，就像生日問題所顯示的，機會的數量往往比我們想得還多，使得巨數法則的效應有時來得非常突然，很容易騙過我們。

不過，有些情況不一定會出現**巨量**的機會，巨數法則也就不會生效。例如章魚哥保羅的正確率是兩百五十六分之一，因此只要有兩百五十六隻動物做出不同的預測，我們就能肯定**絕對**會有一隻動物猜對——這是必然法則。因此，數字愈接近兩百五十六，找到預言正確的動物機率愈高。而兩百五十六並不是一個大數字。

重點在於，涵蓋到的結果占所有可能結果的比例。一旦搞錯可能的結果數，巨數法則的效果就會增強。假設一開始以爲有十億個可能的結果，其中只有一百個對我們有利，那麼遇到了，我們就會很意外自己怎麼這麼幸運。但仔細檢視過後，發現可能的結果只有一千個，但對我們有利的仍然是一百個，我們就不會那麼驚喜了。十分之一的機會怎麼能跟一千萬分之一的機會比！

想知道誤判可能的結果數量，會造成多大影響，不妨看看一九九七年一級方程式賽車西班牙站的例子。三位車手舒馬赫（Michael Schumacher）、維倫紐夫（Jacques Villeneuve）和弗倫岑（Heinz-Harold Frentzen）都跑出同樣成績：一分二十一點零七二秒。[23]這乍看是極大的巧合，但要是我們依據過去的勝負差距，假設這三個最快的成績都落在同一個十分之一秒的區間，並且注意到一分二十一點零七二秒這個數值的精確度爲一千分之一秒，那麼三位車手在同樣的千分之一秒區間跑完賽道的機率就是1／100×1／100，亦即一萬分之一。考慮到賽車運動經歷了多少年、每年又有多少賽事，一萬分之一的機率其實不算低，有許多巨數法則發揮的空間。

只要機會夠多……

你遇到火車事故的機率雖然很低，但顯然要看你多常搭乘火車而定。每年只搭一次火車的人遇到事故的機率，當然遠低於每天搭乘火車通勤的上班族。同樣的道理，如果你有許多家人，那麼家人當中有人遇到事故的機率就比較高，長期觀察下來的事故機率也比較高。第三章提到的蕭氏夫婦，兩人遇到事故的時間就相隔了十五年。

同樣地，某些不幸事件發生在你頭上的機率可能非常低，甚至對地球上任何人來說都不高，但我們必須記得全世界目前約有七十億人。假設任何人在某一天遇到某事故的機率爲p，而且發生在甲身上不會影響到乙遇上的機率，那麼在總人數爲N的情況下，那天沒有人遇到該事故的機率就是（1−p）自乘N次。當N等於七十億，也就是全球總人口數，而p爲一百萬分之一時，**那天沒有人遇到該事故**的機率大約爲$1/10^{3,040}$，或然率非常低。因此有極高的可能，某人會在某處發生該事故。這個機率高到可供波萊爾定律發揮作用，讓事故幾乎**必然會**發生。

6 先射箭再畫靶：選擇法則

誰在乎你從袋子裡拿出來的是黑球或白球？……別交在運氣手上。給我看著袋子裡頭，挑你要的顏色出來。

——珍奈特．伊凡諾維奇（Janet Evanovich），《雙四點》（*Hard Eight*）女主角史黛芬妮．普朗（Stephanie Plum）

胡桃、神射手和股市詐騙

年少時，我一直覺得製造商能裝滿一大罐整顆的胡桃很厲害。他們竟然能敲開外殼而不損傷胡桃，實在令人嘆爲觀止。我通常都是弄得殼和果仁混在一起，大概十次才有一次剝得完整。我後來發現，製造商的成功率雖然比我高，其實也常常弄得殼仁不分。不過，我還發現他們做了另外一件事，就是**挑選結果**。只要剝得完整，他們就會將整顆胡桃放進標有「整顆果仁」的罐子。萬一剝碎了，就會將果仁和果殼分開，把果仁放進標明「碎果仁」的罐子（製造商還會用一種方法把果殼變軟，有利於完整取出果仁，但我不想壞了這個故事）。

重點是我只見樹不見林，以爲「整顆果仁」就是**全部**了，不曉得那是他們挑選過後的結果。的確，他們只要挑出剝成功的胡桃裝進罐裡，就算成功率極低，只有千分之一，也會產生同樣的結果。

胡桃的故事顯示了選擇法則的妙用。只要**事後**可以選擇，再高的機率都創造得出來。製造商讓整顆胡桃**必然**出現（機率爲一）。藉由只挑選果殼壓碎後果仁沒有受損的胡桃，讓罐子裡只有完整的果仁。

選擇法則還有一個古老的例子。你走在鄉間小路上，遇到一座穀倉。穀倉側面有許多油漆繪製的標靶，每個標靶的紅心都插著一支箭。你心想，哇！這傢伙一定是神射手。你走過穀倉繞過轉角，發現另一側也插了許多箭，還有一個男的，正忙著在每支箭的周圍畫上紅心和標靶！

如同胡桃的例子，只要事後篩選資訊，就能讓機率看來和事前很不一樣。按照正常方法射箭，每支箭都命中紅心的機率，遠低於先射箭再畫靶心的命中率。

雖然射箭的例子聽起來有點假，卻和證券市場發生的事情很類似，甚至讓某人因而獲得了普立茲獎。

故事是這樣的。獎勵公司主管有許多方法，其中之一是給予股票選擇權。這些股票的面額就是當時的股價，因此日後如果股價上漲，這些股票就會更值錢。二〇〇六年三月十八日，《華爾街日報》記者查爾斯．佛瑞勒（Charles Forelle）和詹姆士．班德勒（James Bandler）在報導中指出，有六家公司給出股票選擇權後，股價立刻大幅上揚。例如：[1]

> 一九九九年，聯合健康保險公司（UnitedHealth）發給威廉．麥奎爾（William McGuire）股票選擇權時，其發放日期正好和該公司該年股價最低點同一天。一九九七年和二〇〇〇年，麥奎爾博士領到股票的日期同樣是該年股價最低點，二〇〇一年則是接近一波股市暴跌的谷底。這些好事碰巧同時發生的機率，低於兩億分之一……
>
> 康威士科技公司（Converse Technology）發給總裁柯比．亞歷山大（Kobi Alexander）股票選擇權，日期爲一九九六年七月十五日，股票分割後的期權執行價格爲七．九一六七美元。當日該公司的股票剛經歷一日重挫，跌幅高達十三%，但次日便反彈了十三%……二〇〇一年十月二十二日，亞歷山大又得到股票選擇權，正好碰上該公司該年股價的第二低點。根據《華爾街日報》分析，這種

巧合發生的機率約爲六十億分之一……

一九九五年至二〇〇二年，聯合電腦服務公司（Affiliated Computer Services Inc.）總共發給執行長傑佛瑞．里奇（Jeffrey Rich）六次股票選擇權，時間統統在股價上揚之前，而且往往在股價重挫的低點……《華爾街日報》分析指出這類事件發生的機率……約爲三千億分之一……

二〇〇〇年，布魯克斯自動化公司（Brooks Automation Inc.）發給執行長羅伯特．契里恩（Robert Therien）二十三萬三千股的股票選擇權，日期爲五月三十一日。那一天是絕佳的好日子，因爲布魯克斯自動化公司的股價當日重挫了兩成多，來到三十九．七五美元，而且隔天立刻反彈，漲幅超過三成。

（爲了讓你有個概念，第四章提過6／49樂透的頭獎中獎率約爲一千四百萬分之一。）

對於這些機率極低的事件有不少解釋，其中之一就是這種事確實會發生。畢竟只要有十億個機會，就能預期機率十億分之一的事件會出現。然而十億個股票選擇權可是個大數目。也可能機率極低是錯的，正巧選到那些股票大賺日的機率，其實比我們想的要高得多。

事實上，這些飆漲的股價和股票選擇權，是《華爾街日報》在調查期從數以千計的股票和股票選擇權裡，挑選出來的。假設我們隨機分配股票選擇權給公司主管，可以預期其中**有些**會賺大錢，因爲正好碰上股價大漲之前。而《華爾街日報》的文章只講這些股價飆漲的例子，完全忽略其他例子。因此，這些看似不大可能的事件也許只是選擇法則的結果，是佛瑞勒和班德勒這兩名記者**事後**做的選擇，只報導股價飆漲的案例。

這個推論當然有可能是對的，但我們很難想像，光憑選擇法則就能導致機率只有兩億分之一、六十億分之一和三千億分之一的事件發生。

第三個解釋來自愛荷華大學的賴艾瑞（Erik Lie）教授。[2] 他的理論也是基於選擇法則，只是方向完全不同。他根據自己的分析指出：「除非主管擁有通天本領，可以預測未來的市場走向以致從中獲利，否則這樣的結果顯示，至少有部分股票選擇權的發放日期是事後回溯的。」換句話說，選擇法則不是用在事後撰寫報導時挑出合乎推論的案例、排除不符合的，而是公司董事會當起了事後諸葛，挑選某次股價大漲前的日期，也就是將發放日改爲可以大賺一筆的日期。

在這個案例中，選擇法則的作用就像先射箭再畫靶。只要事後畫靶，箭箭紅心根本不難。只要回顧股價漲跌，很容易就能找出哪些時間點即將飆漲，比預測未來簡單多了。丹麥大物理學家波耳（Niels Bohr）曾經一針見血地指出：「預測很難，尤其是預測未來。」不要往前試圖看穿**未來**，而是回溯**已經**發生的事情，就能將機率從不確定改成必然。這就叫**事後效度**（postdiction），恰和預測（prediction）相對。

預測和事後效度的對照隨處可見。例如重大災害之後，民眾經常會問怎麼事前沒看出來，然後聲稱跡象早就存在了。九一一攻擊事件便是如此。問題是警告經常躲在無數的跡象及事件背後，隱而不顯。事後很容易拼湊這些徵兆，展示它們如何一個推動一個，導致不幸發生。但事發前有太多消息、太多可能的因果序列，根本不曉得該挑選哪些片段。這不是因爲徵兆太多，而是這些徵兆可以拼成太多種圖樣，無從判斷哪一個才是對的。人天生傾向依據新得到的資訊來修正過去的回憶，串起導致災難的因果連結，並在**事後**說：「看吧，事情早就有跡象了！」這個傾向稱爲**後見之明偏誤**（hindsight bias）。這種偏誤由來已久，也是選擇法則的實例之一。

和不大可能法則下的其他面向一樣，選擇法則也以各種出乎意料的方式，潛伏在我們生活中的各個角落。某人來到火車站，在周邊區域地圖上看到一個大紅點寫著「現在位置」，心裡大吃一驚，覺得鐵路公司怎麼知道他那個時候會出現在那裡。我想到我有一位朋友，曾經收到令人不快的陰莖增大術垃圾廣告，主攻在這方面缺乏信心的男士。他收到廣告之後，心想：「他們怎麼會知道？」另一個比較超現實的例子是，某人問：「每次打錯電話時，怎麼好像都不會遇到忙線中？」看地圖的人忘了，只有站在那個位置上的人才能看到那張地圖；我的朋友忘了，還有數以百萬計的男人也收到那封垃圾信；打錯電話的人則忘了，只有對方接起電話跟你說了，你才會知道自己撥錯號碼。

這些都是普通的小例子。比較偉大的實例來自演化的天擇過程，也就是大自然會逐步挑選物種的下一代。不過，還有一派理論稱為**人擇原理**（anthropic principle），目的也在解釋宇宙為什麼會演變成現在這個樣子。第十章會詳細討論這兩派說法。

美國知名靈媒珍妮．狄克森，因為做出許多準確的預測而聲名大噪。本書第二章曾經介紹過她。但她做過更多不準確的預測，這一點就比較沒人知道了。我們發現祕訣在於，只讓大衆注意你做的正確預測，刻意忽略錯的。由此，可以看出所謂的「狄克森效應」只是選擇法則的展現。第四章的股市騙子賺大錢也是運用了這個法則。由於他預測所有可能的股價漲跌情形，將每一個情形寄給不同的對象，因此依據必然法則，他的預測當中一定有一個會是對的。接著，他再利用選擇法則，將正確的預測當作他能預測未來的「證據」，至少對收到那個正確預測的人來說確實如此。

我們說過，巧合是數個事件出乎預期同時發生，如連續兩次一桿進洞，但其中的個別事件不必機率極低。例如，第二章提到林肯和卡利古拉都夢見自己遭人行刺，也眞的遇襲了。科學家知道人每晚睡眠時，至少有四到六個做夢階段，而且幾乎都不會記得，只有隔天發生某些事情時，我們才會想起來。這就是大腦的運作方式，將分別的事件連結或串接在一起。

因此，實際狀況不是夢境預言了之後發生的事件，而是我們做了許多夢，醒來後發生了許多事件，唯有當夢境與事件吻合時，我們才會注意到，其餘的統統忘了。畢竟我們爲何需要記得?它們只是夢境、記憶和事件的偶然背景與雜音，沒有值得注意的地方。是夢到某事之後某事眞的發生了，這個稀罕的**巧合**才令人吃驚。

卡利古拉是羅馬皇帝，本名爲蓋爾斯・朱利厄斯・凱撒・奧古斯都・傑爾曼尼可斯（Gaius Julius Caesar Augustus Germanicus），於西元三七年至四一年在位。卡利古拉是暱稱，是他父親手下的軍人爲他取的，意思是「小軍靴」。他曾經數次遭到暗殺，但都沒有成功，想當然，這讓他更容易夢見自己遇刺。不過（選擇法則登場了），可想而知，歷史並未記載卡利古拉夢見自己遇刺、但隔天**沒有**被暗殺的次數。至於他夢見自己遇害但沒有發生的情形，他們當然沒有多少記憶。卡利古拉的資政只記得他提到自己的夢境，後來就遇刺了。選擇法則還提醒我們，在談到夢見自己遇刺、結果**真的**殞命的人時，別忘了還有數百萬人也夢見自己遭到暗殺，結果什麼都**沒發生**。

林肯的夢也是如此。我們必須考慮他之前做了多少次遇刺的夢，但沒有跟朋友說或是朋友忘了，而之後未遭到暗殺。這又是選擇法則。

這種「預知」夢也展現了不大可能法則的其他面向。例如，卡利古拉的夢其實非常模稜兩可。他夢見自己站在諸神之王朱比特（Jupiter）面前，隨即被拋回人間。在他看來，這是警告他將不久人世。但我覺得，他也可以將之解釋成自己大限未到，才會被神遣回人間繼續過日子。你若記得第二章提到的預言成功法則，就會發現許多對於機率的誤判，都來自模稜兩可。事實上，這是不大可能法則之下另一個法則的根基。這個法則我稱爲**夠近法則**，之後會再細談。這個法則基本上是說，某事件可能**不完全是**你說的那樣，但由於相去不遠，還是可以算作吻合。例如林肯在遇刺前三天跟瓦德．希爾．拉蒙（Ward Hill Lamon）等人提到自己做了一個夢，向這群朋友表示「**大約十天前……**」。[3]但是夢境和事件必須相隔多近，才算預言呢？前一天？前一週？前一年？只要放寬「夠近」的定義，絕對能找到吻合的事例。這就是夠近法則的精髓。

巨數法則也在這裡參了一腳。考慮到全世界所有人每天晚上一共做了多少夢，若其中完全**沒有**預知夢，才是眞的奇怪。

選擇法則具有誤導效果，這不是什麼新發現。英國哲學家培根早在四百年前的一六二〇年，便在《新工具》裡舉了一個絕佳的例子。第二章談到驗證性偏誤時，我曾經提到這本書。培根寫道：「某人在神殿裡看見一幅畫，上頭繪著所有向神祈願而後逃過船難的人。其他人問他，這下相信神的大能了吧。『也對，』這人說道，接著問：『那些向神祈願但沉船溺死的人呢？他們的畫像在哪裡？』」[4]只有逃過船難的人，才有機會告訴別人他們曾經到神殿祈禱。

贏得樂透：打破規則

我們之前提到的選擇法則的例子，都是事件發生**之後**，才選擇所需的資料，例如胡桃製造商在剝殼之後，才選擇完整的胡桃放進罐裡。然而，選擇法則還有別的形態。底下的例子告訴我們，它如何讓樂透大獎憑空消失。這個例子的重點不在贏得樂透的機率，而是可能贏得的**金額**。

要是有幾千人選中頭獎號碼，那麼就算挑對彩券也沒什麼意義。你買到中獎的彩券，心想可以拿到幾百萬元，但當你發現自己只是一千名幸運兒裡的一個，再多的喜悅也會瞬間化爲失望。不過，你可能自然會想，要是挑到中獎彩券的機率那麼低（如6／49樂透的中獎率是一千四百萬分之一），兩個人選中同一個號碼的機率更低，更別說幾千人選中同一組號碼了，機率應該小到**不可思議吧**。

聽起來很有道理，只是有兩點不對。首先是巨數法則：只要買彩券的人夠多，某人和你買到同一組號碼的機率就會變得很大。其次是民眾選擇號碼的方式：人通常不會隨機選擇號碼，往往會挑具有某種意義的數字，例如生日。因此，假設某人的生日一九四八年六月十八日，他可能會選06、18、48這三組號碼。兩個生日（如丈夫和妻子）就可以產生六組數字，正好是6／49樂透所需的組數。由於每個月頂多三十一天，一年只有十二個月，因此如果只憑生日選擇彩券號碼，就不是從四十九個整數裡挑六組數字，而是從更小的集合裡挑選。例如，你的彩券號碼就不可能是33、36、37、45、48或1、4、18、35、38、43。

可選的號碼愈少，兩人挑中同號彩券的機率愈高，原因除了選擇更少，還因爲你用這種方法選號時，別人也一樣。

有些人決心「隨機」挑號，會依據彩券的格式來選擇，例如選擇對角線的號碼或避開邊緣的數字。還有些人從一開始，然後往上加三，挑選1、4、7、10、13、16，或選擇平方數，例如1、4、9、16、25、36等。不過，別人也可能選擇同樣的模式，使得挑中同一組號碼的機率大增。

另一個常見的選號策略是沿用前一次的得獎號碼。這樣選出的號碼當然會隨機改變，但別人也可能用同一套方法。你應該記得保加利亞樂透二〇〇九年九月六日開出的號碼，四天後又開出了一次。第二次有十八個人選了這組號碼！結果就是總獎金十三萬七千五百七十四美元大幅縮水，變成每個人只拿到七千六百四十三美元。雖然還是很好，但絕對無法讓你的人生脫胎換骨。

依據某種模式選擇號碼的人多得超乎想像。例如，一九八六年六月七日開獎的紐約州樂透，就有一萬四千六百九十七人挑選8、15、22、29、36、43這組號碼。一九八八年十月二十九日的加州6／49樂透最熱門的號碼組合爲7、14、21、28、35、42，共有一萬六千七百七十一人挑選。這些數字規律得令人起疑（兩組號碼的數字差均爲七），彷彿是依據某種法則挑選的，可能是彩券格式的影響。他們也許認爲這些號碼和其他組合的中獎機率一樣，這倒沒錯，只不過別人也可能會挑這些號碼。

在之前胡桃和射箭的例子裡，事後挑選結果會誤導人對其中某項結果發生機率的判斷。但在樂透的例子裡，選擇法則的作用是另外一種，它會直接扭曲結果。某組號碼的中獎機率不變，但中獎所得的金額會大幅改變。

對所有的樂透買家而言，這是額外的一課。雖然想提高樂透的中獎機率只能多買彩券，但你可以選擇別人不太會挑的組合，藉此增加平均的得獎金額。這表示盡量不要依據規則來挑選號碼。而且，由於無法預測別人會用什麼規則，如果想降低和別人挑中相同號碼的機會，就要隨機挑選號碼。樂透彩公司通常會讓買家很容易就能隨機選號，例如電腦選號或隨便抽等等。

趨均數回歸：別太在意排名

交通監視攝影機（所謂的測速照相機）於一九八六年引進美國，最早設置的是德州弗倫茲伍德市。英國則於一九九〇年代引入，現在到處都是。固定位置的測速照相機通常會漆成鮮艷的顏色，好讓駕駛看見並且（必要的話）減速。這麼做很合理，因爲設置攝影機的目的不是逮到超速駕駛（儘管這是某些交通安全宣導人士的主張），而是讓駕駛放慢車速。會有這個誤解，可能是因爲這套裝置通常採用「成本回收」制，也就是至少部分維修費用是由罰款支付。由於這個制度感覺很像對道路使用者徵稅，雖然能讓駕駛開車更謹慎，卻始終存有爭議。

成本回收制只是爭議的來源之一。另一個問題更爲根本，也就是測速照相是否眞能有效減少車禍發生。這個問題的答案和選擇法則有關，因爲它放大了測速照相減少車禍的實際效果。第五章簡單提過造成這個效果的法則，名叫趨均數回歸。法蘭西斯・高爾頓爵士於十九世紀率先提出這個法則，只不過他稱之爲**趨於平庸**原理（regression to mediocrity）。[5]

高爾頓才華出眾，是現代科學的創建者之一。他是達爾文的表弟，由於當時的科學不像現在劃分明確，因此他和那時代許多人一樣涉獵廣博，在不少領域都有重大貢獻，例如統計學、氣象學、犯罪學、心理計量、人類學和遺傳學等。

高爾頓發現到，家長身上一些極端的特質到了小孩身上，就會變得較不明顯，例如一對高大的父母生下的孩子可能還是很高，但通常比父母更接近平均值。同樣地，矮個子父母生下的孩子身高可能低於平均值，但往往比父母高。其他遺傳特質也有類似情形，因此似乎有某種生物機制會將世代逐漸拉向平均值。高爾頓的天才就在於，他看出這個拉回的力量其實只是統計選擇法則的結果，也就是選擇法則的展現（只是他沒這麼稱呼它）。

爲了說明清楚，讓我們舉一個抽象的例子，跟行爲的心理意涵、道路交通安全措施的改變，以及潛在的生物機制統統無關，只是單純地投擲標準的六面骰子。

想像我們投擲三千六百枚六面骰子。根據機率，我們會預期看到骰子出現六百個一、六百個二，直到六百個六。現在挑出所有擲出六點的骰子，不管其他的。由於這些骰子都擲出了六點，平均值顯然是六。接著，我們投擲這些挑出來的骰子。根據機率，我們會預期看到骰子出現一百個一、一百個二，依此類推直到一百個六。這回骰子點數的平均值大約是三・五〔（100×1＋100×2＋…＋100×6）／600〕。也就是平均值已經從第一次的六降到第二次的三・五。

平均值從六降到三・五很容易理解。點數從一到六出現的機率是相等的，因此當我們第一次挑出（將近）六百個點數爲六的骰子時，我們選擇的是**純粹隨機**（purely by chance）出現六的骰子。但這些骰子沒有任何特別之處，因此第二次投擲時，它們就會像一般骰子一樣，使得平均值爲三・五。

這是選擇法則的展現：我們從隨機結果之中挑選（骰子出現六點），但沒有理由預期下一回投擲骰子會出現同樣的結果。

現在，讓我們將這個例子帶到測速照相的情況裡，看看兩者如何相關。假設車禍是隨機發生的。我們可以將三千六百個骰子想成三千六百個照相地點，擲出的點數就是該地點拍到的車禍數（一到六）。假設我們只有六百台攝影機，必須從那三千六百個地點裡去挑選，我們顯然會挑那些事故率較高的地點，畢竟在很少發生車禍的地方架設攝影機，沒什麼意義。因此，我們便將攝影機架在發生六次車禍的六百個（左右）地點。

接著，我們觀察一整年，看看架有攝影機的地點的事故率變化。第二年的事故率，就等於拋擲那六百枚第一回出現六點的骰子。如上所示，根據機率，大約會有一百個地點發生一次車禍，一百個地點發生兩次，依此類推到一百個地點發生六次。因此，這六百個地點第二年的事故率將約為三·五次，比起前一年似乎大幅下降了。但事故率降低不是因為攝影機有效，而只是選擇法則透過趨均數回歸所造成的結果。

麻煩的是，真實世界中的測速照相沒這麼簡單。沒錯，測速照相機確實都擺在最需要的地方，也就是事故率最高的地點。但那些地點的事故率高不純粹是因為機運，還因為某些地方本身就很危險，例如道路又直又長，很容易讓人超速。因此，如果攝影機安裝後事故率下降了，有可能是趨均數回歸和駕駛確實減速慢行共同造成的結果。

仔細分析交通事故資料，並且計入車流量增加、駕駛測驗改善、車輛安全提升（如防鎖死煞車系統）、反酒駕宣導和其他因素後，我們發現架設測速照相機確實有效，即使計入選擇法則的效應，依然成立。例如一項針對兩百一十六台測速照相機的研究顯示，架設前與架設後的致死及重大車禍年平均次數，分別爲兩百二十六次和一百零三次，減少了一百二十三次。[6] 分析顯示，其中七十八次來自於選擇法則的趨均數回歸效應，二十一次來自其他一般因素，例如交通狀況改善等。因此，減少的一百二十三次事故中，只有二十四次是測速照相的功勞。

簡要言之，雖然測速照相減少了車禍和死亡率，但若忽略了選擇法則的影響，我們將過度高估了攝影機的效果。

選擇法則的趨均數回歸，常在各種意想不到的地方出現。例如電影公司當然只會拍攝賣座電影的續集，但一部電影會大賣有許多理由，包括電影本身的優點及其他隨機因素。任何續集就算本身不賴，也不可能完全保有前一集的正面隨機因素，因此票房通常會遜於之前。

同理，心理學家榮格在《同時性》裡提到超心理學家萊恩的超感官知覺實驗時，曾經做了以下評論：「這些實驗有一個共同現象，就是命中率在首次測驗後都會下降。」不然呢？趨均數回歸告訴我們事情一定會這樣發展。

趨均數回歸效應也會影響疾病治療，將嚴重程度會隨時間變動的疾病，和會自然痊癒的疾病混爲一談。醫師在病人症狀惡化時治療，但如果病情會隨時間而變動，那病人就算不做治療，也應該會自行好轉。許多庸醫和假科學療法都靠這一點牟利，趁病人症狀惡化時給藥，結果症狀果然減緩了，庸醫便宣稱這是服藥的緣故。

正因爲這一點，所以隨機對照實驗非常重要。隨機對照實驗會安排兩組相同的病人，其中一組服用受試藥物，另一組服用安慰劑或不做治療，而且研究者和病人都不知道哪一組拿到的是受試藥物、哪一組是安慰劑。若症狀減緩純粹是趨均數回歸的效果，那兩組病人的痊癒率應該相同。

趨均數回歸很容易被人誤解，使得某件事明明照理會發生，我們卻會做不同的解釋。匈牙利作家亞瑟・柯斯勒（Arthur Koestler）在《巧合的根源》（*The Roots of Coincidence*）裡，舉過一個很滑稽的例子。他寫道：「每次測驗接近尾聲時，再厲害的受試對象的正確率也會明顯下滑。假設實驗持續幾週或數個月，這些受試者更會完全失去他們的特殊天賦。有趣的是，這種測驗的『下滑效應』反而被當成證據，證明正確率眞的受人爲因素影響，而非純屬機運。」[7]

趨均數回歸無所不在，只要仔細留意就會到處發現它的蹤影。任何分數、結果或反應只要含有隨機的成分，趨均數回歸效應就會發生。就拿個人表現（考試、測驗、職場或運動等）來說吧。雖然表現顯然和個人能力、準備程度和其他因素有關，卻也帶有機運的成分，例如你那天狀態特別好、考試題目正好被你猜中，或客戶代表恰巧是你高中老友。但機運成分下一回將減少，讓你看來有所退步。趨均數回歸提醒我們務必謹慎，不能想也不想就接受事情的結果。極端的表現很可能只是出於機運。

反過來說，既然極好的表現一部分歸功於有利的機運成分，那麼極壞的表現也就有一部分要怪在不幸的機運因素上。

對所有排名（從球隊、外科醫師、學生、大學，到你想得出的任何東西）而言，這一點顯然意義深遠。假如這一回排名很高主要是出於機運，那麼下一回排名就很可能下降。

心理學家丹尼爾．康納曼（Daniel Kahneman）二〇〇〇年贏得諾貝爾經濟學獎，他在一篇自傳文中闡述了上述概念。他寫道：

我這輩子遇過最滿足的頓悟經驗，發生在我替飛行教官上課的時候。我跟這些飛行教官說，讚美比懲罰更有助於培養技巧。我口沫橫飛講完之後，台下一位資深教官舉手發言，自顧自地講了起來。他承認正增強對鳥可能有用，但不認爲對飛行學員有效。他說：「我經常讚揚學員某些飛行技巧做得非常好，但他們之後再做同樣的練習時，表現往往會變差。然而，我常對那些表現不好的菜鳥大吼，他們下一回表現通常都會變好。所以別再說鼓勵有用、懲罰沒效，因爲正好相反。」8

這就是趨均數回歸呀！

科學中的選擇性偏誤

科學中的選擇法則出現在所謂的「選擇性偏誤」中。我們在第二章提過這個概念。例如，十八世紀晚期，英國植物學家威廉・魏勒靈（William Withering）發現指頂花可以減緩水腫（當時稱爲浮腫）。他在《指頂花之描述與藥效》（*An Account of the Foxglove and Some of Its Medical Uses*）裡寫道：「如果在所有案例中只挑出成功的，藉此強力支持這種藥物，這麼做一點也不難，但將受到科學與眞理的譴責。因此我決定列出所有接受指頂花治療的案例，療程適當和不適當的、有效和無效的，統統列舉出來。」[9]他知道選擇案例可能誤導別人，因此拚了命避免這種偏誤。

我在《資訊世代：資料如何掌管世界》（*Information Generation: How Data Rule Our World*）裡[10]也提過幾個例子，說明科學史上一些大人物曾經揀選實驗結果，來支持自己既定的假設。例如發現最有傳染力的疾病是由微生物引起的巴斯德（Louis Pasteur），以及測量電子電量的密立根（Robert Millikan）。密立根毫不諱言自己會篩選數據：「我會捨棄和其他觀察不吻合的（低水準結果）。」[11]他會提出來，或許代表他知道背後的風險。

篩選結果是扭曲結論的一種方法，另一種方法，是**在實驗結束、資料收集齊全後，才決定原始假設**。這個作法稱爲 hark（畫靶），是取 hypothesizing after the results are known（知道結果再定假設）的第一個字母拼成。只要這麼做，你輕輕鬆鬆就能想出符合實驗結果的假設！其中的危險乍看很明顯，但在現實環境中卻隱晦得多。例如，研究人員先瀏覽數據，發現其中似乎有某種趨勢，便進行更細緻的統計分析，檢驗**同一批數據**，以確定趨勢是否眞的存在。然而，光是觀察到趨勢這一點就會扭曲後來的結論。

選擇性偏誤的另一個形態也受到許多人注意。第二章同樣有提到，那就是刊登偏差：科學期刊喜歡刊登實驗成功的論文，勝於實驗**失敗**的論文。這個偏差有時也稱爲「檔案櫃效應」（file drawer effect），因爲沒有發表的研究往往會流落到檔案櫃，再也不會寫成論文投到科學期刊發表。

這很合理，發現某種藥物具有效果的研究，本來就比發現某種藥物沒有效果的研究引人注目。因此作者比較不會發表後一種研究，而編輯比較會發表前一種成果。畢竟期刊裡都是藥物無效的論文，對編輯有什麼好處？不過如此一來，大家對該種藥物有沒有效的印象，就會產生偏差。

不幸的是，事情比這還糟。測試藥物通常需要反覆實驗（這是藥物管理機關的規定，新藥必須經過多重試驗），但問題是症狀的嚴重程度會隨著時間改變。就算藥物無效，出於機運，某些病人還是會好轉，因此即使藥物無效，有些實驗仍顯示藥物有效。這時就輪到刊登偏差登場了。研究者將試驗結果寫成論文投給期刊，但就像之前說的，描述藥物有效的論文比較有人寫、有人投稿、有人刊登。選擇的效應開始出現，服藥後出於機運、顯現效果的論文的投稿和刊登量不成比例地高，其餘論文的曝光率則不合比例地低。

刊登偏差有一個有趣的後果，就是發表過的「發現」之後經常遭到反駁。這其實很像骰子和超速照相的例子，是趨均數回歸的結果。如果治療有效純粹是機運所致，那我們就可以預期同樣的治療或研究之後不會再出現效果。史丹佛大學流行病學家約翰·艾歐安尼迪斯（John Ioannidis）將這項觀察推到極致。他寫道：「愈來愈多人擔心目前發表的研究發現都是錯的。」[12]

選擇法則的扭曲效果還有一個例子，就是媒體和網路上常見的自願調查。爲了確保結果可靠，調查必須小心選擇樣本，好讓調查得出的推論能夠代表受訪的群體。尤其調查的設計必須謹慎，以免讓習慣以某種方式回答問題的人更喜歡接受調查。這聽起來很像不證自明的道理，但所有週刊、報紙和網路都充斥著這類調查，只要舉一個極端的例子，就能說明其中的荒謬之處。某雜誌爲了調查讀者會不會回覆雜誌裡的問卷，便問讀者一個問題：「你會回覆雜誌裡的調查或問卷嗎？」然後依據答「會」的比例來下結論。

我最喜歡的例子出自二〇〇六年七月號的《精算》（*The Actuary*）雜誌。其中一則〈致讀者〉寫道：「兩個月前，我邀請各位——所有一萬六千兩百四十五位讀者——參與本雜誌的線上民調，主題是精算師子女的性生活……我很高興在此宣布，確實有讀者（實際數字是十三位）回覆。」《精算》雜誌很清楚依據這麼小的樣本做推論的荒謬之處，卻似乎沒有察覺這種自願調查的危險（那篇啓事接著說：「從這次調查可以得出一個結論，就是精算師不會參與線上民調」）。

我們必須小心選擇法則會造成扭曲，尤其它會讓某些事件感覺機率極低。底下是選擇法則悄悄發威的幾個例子，其中第一個例子顯示，較高的不確定有時反而對你有利。

假設現在有一件工作，我們要找一名最有能力的人來做，於是決定測驗所有的應徵者。然而，分數不是能力的最好指標（想想你在學校做過的考試：你有時成績高於預期，有時較糟，會受考題和前一天有沒有睡好之類的因素影響）。假設有二十名應徵者，能力全都相同（也就是**平均而言**，只要測驗次數夠多，每位應徵者的平均分數應該都一樣），只是其中十位分數差異較大，另外十位差異較小。

例如前十位應徵者的分數介於四十五分到五十五分之間，後十位介於二十分到八十分之間。兩組人的平均分數都是五十，只是第二組的差異較大。為了找到合適人選，我們必須挑中分數最高的人。顯然那個人比較可能出現在差異較大的第二組。因此雖然平均而言，應徵者能力相同，我們會傾向選擇差異較大的。但就選出合適人選的觀點來看，這麼做有一個明顯的壞處：假設測驗分數真的能反映能力，那我們最可能挑出的人選也可能是工作表現最不穩定的人。

例子二：假設我們想比較十種藥物，於是每種藥物各找三十名病人服藥，以便評估藥效。就算十種藥物效果相等，也會有一組病人好轉最多（任何一組數字都會有最大數）。如果我們直接將該組的分數當成該藥物的效力，我們就只是全憑運氣，因爲最高分很可能高估了藥效。若我們將該藥物給另外三十名病患服用，趨均數回歸告訴我們分數很可能會降低。

選擇法則對臨床試驗的影響還有一個例子，就是**退出偏差**（dropout bias）。由於病人中途退出實驗的情形並不罕見，因此受試人數會逐漸減少。病人退出實驗的原因很多，例如搬家、死亡，或只是厭倦繼續服藥，但假設受試人數減少是因爲病人覺得好轉了（藥物有效），不再有動力繼續服藥接受試驗，那麼剩下的病人通常都是治療沒有生效的案例。除非我們在分析中納入退出的人，否則最後結果看起來就會像藥物無效，但其實是有效的。

時距偏差（length-time bias）是選擇法則造成的另一種扭曲。當選擇的機率隨時間長短而異，就會出現這種偏差。爲了說明這一點，假設我們想知道一般感冒平均維持多久。我們可能挑選一月一日來診所的感冒患者，問他們何時發病，然後追蹤他們的痊癒時間。問題在於，感冒持續較久的人比較容易被我們遇到。去年某個時間點罹患感冒並持續了一整年的人，一定會被我們挑中，但去年某個時間點感冒、但只持續一天的人就不大可能被選到。事實上，如果每天的感冒發生率是相等的，那麼感冒只持續一天的人當中，我們只會遇到其中的三百六十五分之一，因此我們的統計將遠遠少算了感冒只持續一天的人數，而得到的平均感冒天數也將比實際平均值高很多。

雖然例子多如繁星，但最後這個例子你可能有親身經驗，就是你很久沒有遇到生字了，但遇到了一個很快又會再遇到同一個。這有幾個原因，我們之後會詳盡討論，不過選擇法則是其中一個理由。假設那些非常罕見的字平均每十年才會被你碰到一次。由於這是平均值，因此有一些字要更久（甚至從你開始閱讀到現在）才第一次被你遇到。但是你一旦遇到，由於那些字平均每十年出現一次，你很可能不到十年就又再見到了，甚至比十年短很多，讓你大感意外。這又是選擇法則的結果。

選擇法則有許多面向。它告訴我們事發之後才做選擇，就能改變機率；等到結果出現後再做預測，就能百發百中。它也許無法幫助我們提高買到頭獎彩券的機率，卻可以教我們如何提高贏得的彩金金額。選擇法則的趨均數回歸告訴我們開高必定走低，如果碰巧表現出色，就應該預期下一回會下滑，而且這個效應無所不在。只要熟悉它，幾乎每天都能觀察到。

下一章將介紹不大可能法則下另一個很不同的要素，就是機率槓桿法則。這個法則告訴我們，想法的微小差異可能對機率造成巨大的影響。

7 失之毫釐，差之千里：機率槓桿法則

機會偏愛預備好的心靈。

——巴斯德

一切皆始於毫末

你開車行駛在高速公路上，按著計畫的路線前進，沿途經過幾個地標，你都有印象。但突然有個地方出錯了。你不記得自己在地圖上見過這個村名。你繼續往前開，但愈來愈多不熟悉的村名出現在你眼前。你不知道開到哪裡了，一切都和你想的不一樣，你開始覺得早知道應該帶導航系統出門的。

這一章就是在講這類惱人的偏差是怎麼來的，關鍵就在世界模型和不可能性。

金融作家塞巴斯提安．馬拉比（Sebastian Mallaby）的《富可敵神》（*More Money Than*

God）回顧了避險基金的發展史。他在書中寫道：「一九八七年十月十九日標準普爾五百指數暴跌，這種規模的重挫發生機率是$1/10^{160}$，也就是一的後面有一百六十個零比一。爲了幫助各位想像，這樣的機率代表，股市再營運兩百億年也不會發生這種事。兩百億年相當於宇宙預期壽命的一半。就算宇宙大爆炸二十次，每次股市都能營運兩百億年，根據這個機率，這樣的重挫不會出現。」[1]

波萊爾定律告訴我們，馬拉比的例子不應該會出現，因爲機率夠小的事件不會發生，而$1/10^{160}$這樣的機率無論誰看都是「夠小」的。所以，這是怎麼回事？這種事不應該出現，但一九八七年十月十九日卻發生了。

答案來自不大可能法則下的另一個要素，我稱之爲「可能性槓桿法則」。

力學裡的槓桿原理旨在描述重量不同的物體如何在槓桿兩端保持平衡，就像坐在蹺蹺板兩端的兩個人。體重較輕的人只要坐得離支點較遠，就能和坐得離支點較近、體重較重的人在槓桿兩端維持平衡。只要體重較重的人稍微往後坐或重量稍微增加，橫桿就會傾斜，體重較輕的人就會被抬高。

同理，**機率**槓桿法則告訴我們，條件的細微改變可能導致機率大幅變化，例如將極小的機率變爲極大。

不過我在這裡必須老實承認，這麼說有誤導之嫌。我引用馬拉比的話時，刪掉了最開頭。他是這麼寫的：「就常態機率分布而言……」我們在第三章提過常態分布，它能告訴我們在某些情境下進行測量或觀察時，得出某個特定值的機率爲何。

因此，馬拉比那句話的意思是：**假設股價的漲跌幅為常態分布**，那麼標準普爾五百指數一九八七年十月十九日的跌幅，其發生機率只有$1/10^{160}$。當科學理論和觀察有所出入時，通常有幾種可能。首先是數據可能有誤，也就是測量有誤；其次是理論有錯，例如理論根據的假設不大正確。

股價的漲跌幅是常態分布，這個假設很吸引人，因爲常態分布有著漂亮的數學性質，使用它很容易能推導出理論及預測。此外，就像我之前提到的，測量值**確實**經常很接近常態分布。但重點就在這個「接近」。的確，金融家發現金融市場的波動雖然**接近**常態分布，但**不完全是**常態分布，而這微小的差距就足以讓機率槓桿法則見縫插針，將差距不斷放大，造成巨大的影響，最終導致馬拉比舉出的那種驚人事件。

想瞭解機率槓桿法則如何做到這一點，首先就得更深入認識常態分布。

常態分布再探

第三章提到，常態分布經常被稱爲「鐘形分布」，不過數學定義下的常態分布形狀可是

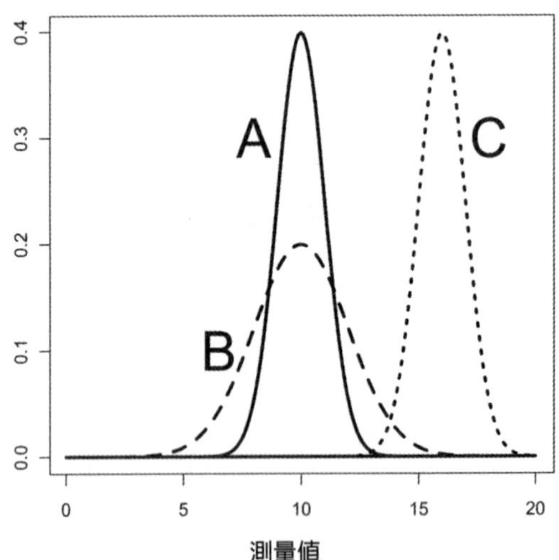

圖七之一：三個不同的常態分布。A的均數為十，散布為一；B均數為十，散布為二；C均數為十六，散布為一。

精確得多，由特定的公式算出所有數值的平均值及分散程度，以確定其形狀。只要知道平均值（又稱**均數**〔mean〕）和散布（又稱**標準差**〔standard deviation〕），那麼依據常態分布的數學公式，就能算出某個隨機挑選的數值出現在某區間的機率，例如算出某個隨機值出現在零與一或負一與正二之間的機率。

圖七之一用三個常態分布來說明這個概念。如果太抽象，不妨想像這是三組孩童接受三種教學法之後的測驗成績，各分布的中心點是平均分數，某分數的曲線值則是該分數出現的機率。我們可以見到三個分布的最高機率值都出現在中心附近，因此若隨機挑選一名孩童，他或她的分數最可能落在平均值附近，比較不會出現在

極高或極低的分數帶。離中心愈遠，曲線值也愈低，而且兩邊對稱。這表示某孩童拿到比平均分數高三分的機率和比平均分低三分的機率相同。

分布A的平均值爲十，散布爲一。分布B平均值爲十，但散布爲二。由於B的散布較大，因此遠離中心點的曲線值比A還高，例如分數爲六和十四時，A的高度都趨近於零，但B則相對較高。因此B出現極端值的機率比A還大。

在上述的例子中，分布B組的孩童比A組容易出現極端分數（你可能覺得這是虛構的例子，但有趣的是，某些心理測驗中男童的分數比女童分散，比女童更常出現高分和低分，接近平均分數的人數也比女童少）。[2]

分布C的散布和A相同，但平均值不同。平均而言，C組的測驗分數比A組或B組高，但C組成績偏離平均分的程度和A組一樣。換句話說，C組某學生拿到高於或低於平均分數三分的機率和A組某學生拿到高於或低於平均分數三分的機率相同。

重點在於三個分布雖有不同，C向右邊偏而B較爲扁平，但三者的基本形狀都是一樣的，都來自同一個數學公式，所以稱爲常態分布。

錢錢錢

討論過常態分布之後，讓我們回到一九八七年的股票狂跌。十月十九日「黑色星期一」那天，美國道瓊工業平均指數重挫了二二．六％，爲道瓊指數史上第一跌幅。到了十月底，全球股市都巨幅下挫：美國滑落二三％，英國二六％，澳洲四二％。

大約十年後，避險基金長期資本管理公司（Long Term Capital Management）於一九九八年倒閉。美國的金融記者羅傑．洛溫斯坦（Roger Lowenstein）提到該事件的發生機率：「該公司遇到一連串厄運（例如一個月內損失四成資本）的機率，高得令人無法想像……事實上，長期資本管理公司一年內失去所有資本……可以說是一個十標準差的事件。」[3]

「十標準差事件」是形容一件事不大可能發生的另一種說法。它是依據常態分布的散布（也就是標準差）來定義的，而散布通常以希臘文字母σ（sigma）表示。因此，所謂的十標準差事件，只是代表測量值至少大於平均值十個標準差（有時大、小兩個方向都算，也就是至少大於**或**小於平均值十個標準差。由於常態分布是對稱的，因此大小都可以的機率是觀察到至少大於平均值十個標準差的機率的兩倍）。之前說過，基於常態分布的形狀，極端值愈遠離平均值，其發生機率就愈低，因此十標準差事件的機率遠比五標準差事件小得多。事實上，從表七之一可以看到差距有多大。該表列出觀察到五、十、二十和三十標準差事件的機

表七之一

常態分布下五、十、二十和三十標準差事件之發生機率

五標準差事件發生機率	1/3,500,000
十標準差事件發生機率	$1/1.3x10^{23}$
二十標準差事件發生機率	$1/3.6x10^{88}$
三十標準差事件發生機率	$1/2.0x10^{197}$

率。五標準差事件（常態分布下偏離均數至少五個標準差）的發生機率約爲2.867×10^{-7}，將近三百五十萬分之一。十標準差事件的發生機率約爲130,000,000,000,000,000,000,000分之一。

二〇〇七年八月，長期資本管理公司倒閉大約十年後，另一枚金融震撼彈又在美國爆發了。高盛集團（Goldman Sachs）執行長將之比擬成「二十五標準差事件，而且連續發生好幾天」。金融作家比爾·波納（Bill Bonner）則在《金錢週刊》（*MoneyWeek*）撰文寫道：「原本應該每隔十萬年才遇到一次的事情，那陣子卻接二連三發生了。」[4]

這些金融震撼彈有著慘痛的相似之處。時間往後撥三年，二〇一〇年五月七日星期五，《加特曼投資通訊》（*The Gartman Letter*）主筆丹尼斯·加特曼（Dennis Gartman）寫道：「我們昨天目睹的一連串發展，其幅度之大是前所未有的。匯率波動偏離常軌至少六、七、八個標準差……甚至十二個標準差也不無可能……據說如此巨幅的價格變動『確實存在』，就位於鐘形曲線邊緣，數千年才會發生一次。」[5]

你可能會同意我的看法，這些事件並非如加特曼所說的「前所未有」，反而是**殷鑑不遠**。我提到的這些金融危機，只是近年來發生的金融風暴而已。事實上，經濟學家卡門・萊因哈特（Carmen Reinhart）和肯尼斯・羅格夫（Kenneth Rogoff）回顧了人類史上的金融危機，一路回溯到了八百年前。[6]這些事件明明不大可能發生，機率非常低，至少剛才提到的作者都這麼表示，歷史卻不斷重演，這樣的矛盾要如何解釋？

嗯，當比爾・波納說完這種事照理十萬年只會發生一次之後，又接著說：「假如不是這樣……那就是高盛的模型有誤。」沒錯，模型是錯了。事實上，這些模型都假設價格變動是常態分布，就和馬拉比提到的一樣。倘若價格變動不是常態分布，而是非常態，那麼這些金融風暴或許就是可預期的了。這就是機率槓桿法則的精髓：模型的微小變動或我們認知的微小偏誤，即可能造成機率極大的差異。

當常態不常態的時候

如果市場波動並非常態分布，那麼一定是別的形狀。圖七之二就是一個和常態分布稍有不同的形狀。實線是常態分布，平均值爲十，散布爲一，跟圖七之一看到的相同。虛線是所謂的柯西分布[7]（Cauchy distribution，以十九世紀法國數學家奧古斯丁・柯西〔Augustin

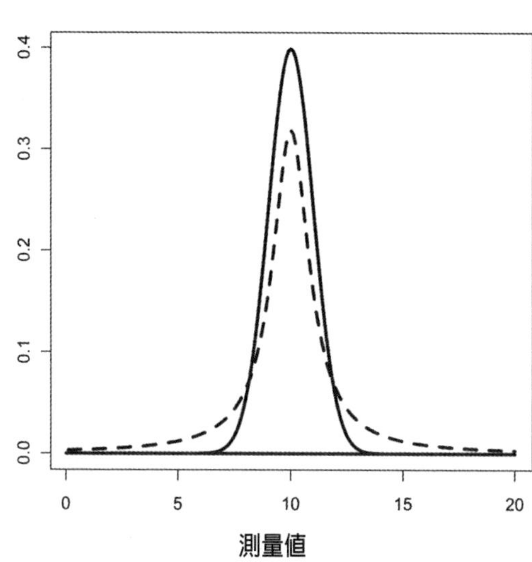

圖七之二：常態分布（實線）與柯西分布（虛線）比較圖

Cauchy〕命名，據說以他命名的數學概念最多，超過其他人）。常態分布和柯西分布的形狀不同，由不同的數學公式表達，觀察到某個值的機率也相異。但從圖中可以看出，這兩個形狀並不是非常不同，而是很容易混淆，讓你以爲自己面對的是常態分布，其實是柯西分布。

想知道這樣的差異重不重要，就讓我們來看看從常態分布變成形狀近似的柯西分布時，對於高於二十的觀察值的出現機率有什麼影響。沿用之前孩童測驗的例子，我們可以將高於二十的觀察值定義爲小孩拿到「資優」分。

在常態分布下，拿到分數高於二十的機率（如表七之一所示）只有$1/1.3\times10^{23}$，相當於投擲公正硬幣七十七次都出現正面的機

表七之二

常態分布和柯西分布下五、十、二十和三十標準差事件的發生機率

	常態分布	柯西分布
五標準差事件發生機率	1/3,500,000	1/16
十標準差事件發生機率	$1/1.3\text{x}10^{23}$	1/32
二十標準差事件發生機率	$1/3.6\text{x}10^{88}$	1/63
三十標準差事件發生機率	$1/2.0\text{x}10^{197}$	1/94

率。眞小!事實上，根據波萊爾定律，這麼小的機率根本不用預期它會發生。

然而，在柯西分布下，分數高於二十的機率是三十一分之一，相當於投擲公正硬幣連續**五次**出現正面的機率。這很有可能!事實上，每一百名孩童就有三名左右可以拿到這個分數。要算資優有點勉強，頂多就是聰明吧。

如果孩童的測驗分數其實是柯西分布，卻被誤以爲是常態分布，我們對資優分的出現機率就會低估4.2×10^{21}倍，也就是4,200,000,000,000,000,000,000倍。這可是非常嚴重的低估呢!

這就是機率槓桿法則的威力。分布形態的些微改變（圖七之二的常態分布變成柯西分布）就能讓機率從極小變成家常便飯，和火車誤點、筆掉到地上或遇到驟雨一樣平常。在甲假設下，某事件的發生機率低到可以預期它直到宇宙末日都不會發生。但在和甲假設差別幾乎看不出來的乙假設下，你會預期某事件天天會出現。

表七之二是表七之一的擴充，加入了柯西分布。五標準差

事件就是測量值大於平均值五倍的機率。現在我們知道這些「稀罕事件」其實應該滿常發生才對。

爲何偏離常態？

我用金融風暴作爲開場白，說明什麼是機率槓桿法則，但這個法則不只適用於金融世界。分布的些微改變會導致結果的巨大差異，這種現象可以發生在任何領域。雖然一般假設機率是常態分布，但你或許記得第三章曾經提到常態分布並不存在於眞實世界中，我們觀察到的分布永遠**不完全是**常態分布。現在我們知道，當分布稍微偏離常態分布、我們卻以爲它是常態分布時，會對我們的預期造成多大影響。

分布偏離常態有各種原因，被「污染」是常見的一種，而且有許多方式。例如研究某一群體時，沒有發現該群體其實由許多子群體所組成。比方說，麵包師傅製作麵包時，心裡會有一個預定重量，但不可能完全做到，而是有時重一點，有時輕一些。不過，嚴重偏離目標的麵包很少，而且完成的麵包重量可能接近常態分布。假設麵包師傅的助手也做了幾個麵包，而且他常低估麵粉量；如果店裡麵包的重量分布同時包括麵包師傅和助手做的麵包，那麼麵包師傅的常態分布就會被助手的非常態分布污染而扭曲。

偏離常態分布的另一個原因是選擇法則。例如星球的一些性質在理論上屬於常態分布，但實際上由於某些星球比較遠、比較暗，光線較少傳到地球上，使得我們較難偵測到這些星球，導致常態分布左側的觀察所得減少，也就是較小值的數量較少。星球性質的分布曲線因而受到影響，不再左右對稱，也就不再是常態分布了。和前面的例子一樣，因爲機率槓桿法則，這些資料蒐集時的微小差異將對我們的機率評估造成巨大影響。

突變、蝴蝶和宇宙的盡頭

機率槓桿法則還跟許多現象有關，**突變理論**（catastrophe theory）是其中之一。當一個系統遇到輕微干擾，只會發生小幅改變時，該系統就處於**穩定**狀態。但有些系統只要條件稍微改動，就會突然產生巨變，進入完全不同的狀態。想像我們加熱和冷卻一杯水，讓水溫在攝氏十度到二十度之間變化。我們只會看到水變冷或變熱，而水的體積微幅膨脹或收縮，不注意根本無法察覺。現在我們擴大降溫範圍，將水溫降到零下四度。當水溫低過零度時，我們會發現那一杯水產生劇烈的改變，開始結冰。溫度只是在零度上下些微的改變，就讓水從液體變成固體。突變理論就在探討這些劇烈變動，告訴我們這些變動有哪些不同的生成方式。

另一個相關現象稱爲**多米諾效應**（domino effect），也稱作骨牌效應。在一個不穩定系統中，初始狀態的微小差異將藉由一連串小型中介事件，造成巨大的變化。這個效應的名稱顯然來自骨牌：推倒第一個骨牌會撞倒第二個，第二個再撞倒第三個，就這樣連綿不斷。

我們之前提到過混沌和蝴蝶效應，當系統的初始條件不確定或有細微改變時，可能產生巨大的後續效應。知名物理學家麥可．貝瑞（Michael Berry）舉過一個很漂亮的例子。[8]他說，由於宇宙所有物體都以重力相連，因此任一個物體的擾動，原則上都會影響到其他所有物體，只是對遠處的物體影響極小而已。假設我們從宇宙邊緣（也就是一百億光年之外）取走一枚電子，貝瑞想要知道，這個改變對地球上兩個氧分子對撞後的偏移角度有什麼影響。

他發現分子經過大約五十六次碰撞後，角度會和電子尚未移除時的偏移角度完全不同。假設我們鎖定其中一個氧分子，跟隨它在空中彼此碰撞、撞擊牆壁和其他物體的軌跡，那我們將會發現光是宇宙邊緣一粒電子在或不在，就足以讓這個氧分子在六十次碰撞之內出現完全不同的軌跡。

就空氣而言，每一個空氣粒子平均每隔兩百億分之一秒，就會跟另一個空氣粒子碰撞一次，也就是每一個空氣粒子每秒大約碰撞五十億次。因此移除宇宙邊緣的一粒電子之後，只需要一億分之一秒，**你呼吸的**空氣中的氧分子軌跡就會徹底改變。

麥可．貝瑞還證明了另一件事。光憑兩名撞球選手的體重，就足以讓撞球檯上的兩顆球在九次碰撞後的偏移軌跡完全不同。選手繞著檯邊移動，會大幅改變撞球碰撞後將朝哪個方向偏移的機率。這就是機率槓桿法則的作用。

只要抓對了方向，機率槓桿法則的例子相當容易找到，例如超感官知覺實驗就是很好的目標。

哈帝的超感官知覺實驗

艾利斯特．哈帝（Alister Hardy）、羅伯特．哈維（Robert Harvie）和亞瑟．柯斯勒合著的《運氣來挑戰》（*The Challenge of Chance*），曾提到一個大型的超感官知覺實驗。[9]兩百人坐在大廳裡，其中二十人是「接收者」，和一百八十名「發訊者」隔開對坐。研究人員拿圖片給發訊者看，發訊者集中心神將圖像傳給接收者，接收者再畫出自己接收到的圖像。哈帝在書裡提供了許多實驗當時的圖片和接收者繪製的圖像。

這個實驗非常細緻。兩百名自願的受試者輪流擔任接收者和發訊者，每次挑選二十人擔任接收者，因此總共進行十輪。實驗爲期七週，其中兩輪在實驗當天傍晚進行，總共重複七個晚上。二十名接收者坐在隔間裡，正面和側面都裝有屏幕，四行五列共二十個隔間，很像學校教室。一百八十名發訊者坐在接收者前方或兩側，以便看見大廳後方顯示螢幕上的圖畫與相片，而接收者既看不見接收者，也看不見螢幕。

每輪實驗開始前，哈帝爵士會「說明實驗流程，強調所有人在實驗過程中必須徹底保持沉默，不能發出任何不由自主的聲音，如嘆氣、驚呼或低笑，再輕微都不許，以免洩漏圖畫或相片的內容」。[10]

哈帝的助理會在接收者的身後來回走動，好像監考官一樣，確保接收者之間或接收者和其他人沒有勾結作弊。

每名接收者會拿到一張紙和一枝筆。當圖畫或相片顯示在螢幕上時，現場會響起鈴聲，接收者就開始大略畫出或用文字簡單描述心裡浮現的影像。圖畫和相片都是從圖庫裡隨機挑選的。

所有科學研究都會面臨一個難題，就是即使觀察到某種效應，也永遠無法百分之百確定它會發生是出於你所認爲的原因。別的原因也有可能。爲了克服這個難題，科學家會使用控制組。之前討論藥物試驗時提過這個作法，兩組人實驗條件相同，差別只在於一組人服藥，另一組人服用安慰劑。由於兩組只有這點不同，因此反應如有差異，一定是由於其中一組服藥的關係。

哈帝深知這個難題，也曾經考慮設置控制組（例如讓發訊者看空白螢幕，沒有圖畫或相片），但最後還是因爲問題太多而作罷。這一點並不難想像，兩百人花費七天盯著空白螢幕，實在有點超過。哈帝決定採用比較複雜的統計方法，稱爲「排列檢定」（permutation test），也就是讓影像和其他試驗的反應隨機配對。由於這些配對不可能來自超感官知覺，因此出現的（傳訊者和接收者圖案）吻合就應該完全來自機運。

研究人員設計這個實驗，顯然費了許多心思，以避免實驗結果被未受控制的因素影響。然而，我們已經看到機率分布的微小差異，可能會對罕見事件的發生機率產生巨大影響，而只要一點波動就足以造成分布的微小差異。

哈帝的實驗結果看起來很有希望：實驗組的吻合比例高於隨機配對組。但光是高於還不夠，我們必須追問一個更深入的問題：**差異會不會純粹來自於巧合**？畢竟就算我拋擲一枚硬幣十次，結果出現六次正面，你也不會相信我有念力，可以讓硬幣翻成正面，而是認爲正面比反面多純粹出於偶然。統計學家波西・戴康尼斯和佛瑞德・莫斯泰勒提到一個統計測驗，可以用來判斷哈帝和他同事的實驗結果純粹出於巧合的機率爲何，[11] 而他們得出的結論是：「實驗無法提供超感官知覺或潛藏的同步力的堅實證據。」

哈帝和他同事派了助理在實驗時擔任巡邏，讓我想起「聰明漢斯」，就是那匹似乎會算術和看時間的馬。有人問漢斯問題，有時相當簡單，例如「四減二是多少？」有時比較複雜，例如「某個月的第八天是星期二，那麼下一個週五是幾號？」漢斯會用蹄踩地面，踏出正確的數字，就算馴獸師不在場，牠也照樣答對。

然而，心理學家奧斯卡・普馮斯特（Oskar Pfungst）深究後發現，漢斯只有在提問人知道答案時才會答對，正確率八九%。要是提問人不知道答案，聰明漢斯的正確率就只剩六%。原來這匹馬捕捉到的是，提問人不自覺間透露的下意識線索。既然馬都做得到，哈帝實驗的接收者是不是也能從助理身上得到潛意識的線索？別忘了，背景機率的微小變動都可能對結果機率產生巨大影響。

回饋讓哈帝的實驗更加複雜。他是這麼解釋的：「接收者畫完或寫完後，助理會收走他們的畫紙，換上編好號的新紙供下一次實驗使用。所有畫紙收齊後，我會讓坐在隔間裡的受試者起立注視螢幕上的圖案或投影片，看看他們是不是接收到了什麼。」

提供回饋通常是不錯的作法。就算你提不出改善的建議，光是「好／壞」這樣的評語就能讓人有所改善。的確，人有許多技能都是這樣學會的，但回饋在這個實驗中卻讓情況複雜了。它可能引導接收者建立類似的思路，讓他們在下一次實驗中更容易得出相同的想法。這足以解釋，實驗組為什麼比起控制組有稍多的三重或四重吻合（不是圖像和接收者答案之間的吻合，而是不同接收者答案的雷同）。

哈帝察覺到了這個現象。他發現「坐得很近」的接收者常常畫出「驚人相似」的圖案，而且往往跟螢幕上的圖畫或相片相去甚遠。他還注意到「坐得很近」不需要坐在隔壁，常常是隔著一條走道，因此他可以排除作弊這個原因。哈帝形容道：「就好像兩、三名受試者之間有共同的心思一樣。」

讀到上一段，你腦中應該立刻浮現警訊才是。哈帝測試了一開始的假設，卻也在尋找其他有趣的吻合，這樣一來就爲選擇法則、旁視效應和巨數法則打開了大門。選擇法則有關聯，因爲哈帝研究數據，發現異常模式，於是說：「嘿，你看這個模式很反常！」他先看到模式，然後要別人注意（就像那個先射箭的農夫），而不是先說自己在找什麼，然後去找它。旁視效應有關聯，因爲哈帝找不到他想找的模式，就轉而找其他模式。巨數法則有關聯，因爲圖畫中可能的模式數量非常大。事實上，情況比我們想的還糟：不大可能法則下的另一個面向也鑽了進來，那就是**夠近法則**，我在下一章會介紹。

哈帝的實驗要經得起考驗，設計起來非常困難。爲了做到這一點，他努力控制各種可能的外來影響。這個領域觀察到的效應非常小，接收者的圖案和原始圖畫的吻合比例，只比純粹巧合略高一些而已。問題是，我們之前就說過了，依據機率槓桿法則，只要基準機率發生微幅的變動，就會對後續結果產生巨大的影響。哈帝實驗的接收者只要稍微受到影響，即使察覺不出來，依然可以輕輕鬆鬆讓目標數量變爲統計上不可能發生的事件，也就是和超感官知覺無關。

儘管超感官知覺實驗受到機率槓桿法則影響，很容易導出錯誤結論，實驗結果至少不會傷人。但接下來這個例子告訴我們，無知的後果被機率槓桿法則放大之後，可以造成多麼嚴重的悲劇。

他殺還是猝死？——相依還是獨立事件，結果大不同

一九九七年，年輕女律師莎莉．克拉克（Sally Clark）十一週大的小寶寶克里斯多夫在睡夢中夭折了，死因顯然是嬰兒猝死症。這類不幸雖然令人難過，但就算大人照料得再好，事故依然時有所聞。只是一年後，莎莉的第二個孩子哈利也夭折了，出生剛滿八週。

莎莉因而遭到逮捕，並被控弒童。她於一九九九年以謀殺兩名幼子遭到定罪，判處無期徒刑。這裡不打算討論論據薄弱、鑑識證物不足和死因不合的問題，只想說明簡單的謬誤假設如何導致錯誤的機率判斷。

在這起案件中，錯誤的證據來自小兒科醫師羅伊．梅多爵士（Sir Roy Meadow）。他雖然不是統計或機率專家，但在克拉克女士的案件中，他自認有資格以專家證人的身分對事故機率表示意見。他說在莎莉．克拉克這樣的家庭中，連續出現兩次嬰兒猝死症案例的機率是七千三百萬分之一。由於機率非常低，我們似乎可以引用波萊爾定律，不該預期這樣的事件會發生。不預期發生卻發生了，表示一定有其他原因，而在這起案件中，或許就是母親殺了她的兩個孩子。

然而，不幸的是，梅多算出的七千三百萬分之一是依據一個關鍵假設：兩名嬰兒的死亡是獨立事件，第一個孩子的夭折不會讓第二個孩子更可能夭折。

嬰兒死於猝死症的平均機率約爲一千三百分之一。但梅多（正確）使用的數字是八千五百四十三分之一，因爲他考慮到莎莉・克拉克不吸菸、年輕，而且生活優渥，這些都會減少她的小孩發生猝死症的機率。但他忽略了一點，就是莎莉的兩個孩子都是男嬰，這會提高猝死症出現的機率。接著他做了那個關鍵假設，認定第二名嬰兒猝死的機率和第一名嬰兒是否也死於猝死症無關。

你應該記得第三章曾經提到，兩起事件若是互相獨立，只要將兩者的機率相乘就是兩起事件**同時**發生的機率。梅多的數字便是這樣計算出來的。假設猝死是獨立事件，那麼同一個家庭發生兩起嬰兒猝死症的機率，就是1／8,543×1／8,543，大約七千三百萬分之一。這就是他向法庭報告的數字，並且宣稱這類事件每隔百年才會發生一次。

你應該還有印象，我們對分布形態的假設只要略微不同，就能大幅改變結果的機率。就這起案件而言，我們或許不該假設同一個家庭內發生的嬰兒猝死症是獨立事件。事實上，這個假設確實缺乏依據。數據顯示前一個孩子因爲猝死症夭折，下一個孩子也因猝死症夭折的機率是平均的十倍。梅多對兩名嬰兒接連死於猝死症的機率推算是錯的。

爲了獲致有效的結論，我們必須比較兩個孩子都被謀殺和兩個孩子都死於嬰兒猝死症的機率，因此需要針對孩童謀殺案件的數據進行類似的計算。細節暫且不論，總之薩爾福（Salford）大學的雷伊・希爾（Ray Hill）教授算出「單一嬰兒猝死症的發生機率是單一嬰兒謀殺案的十七倍左右，雙重嬰兒猝死症的發生機率大約是雙重謀殺案的九倍，三重嬰兒猝死症的發生機率約爲三重謀殺案的兩倍。」[12] 梅多的估算，和假設同一家庭內連續發生嬰兒猝死症不是獨立事件的機率相差了十倍。這個差距讓事件更可能出於嬰兒猝死症，而非謀殺。

希爾教授補充道：「我們不免好奇，要是克拉克案的陪審團知道二度發生嬰兒猝死症案例的頻率，是每年四到五次，而不是『百年才能一見』，而且比同一個家庭內二度發生嬰兒凶殺案的頻率還要高，會如何判決。」後來發現的證據也顯示，第二個孩子哈利死亡當時有血液感染，可能引發猝死症。

由於誤用和誤解統計證據引來各界批評，莎莉・克拉克的判決遭到推翻，她於二〇〇三年獲釋。

這個事件吸引了大量目光，也讓其他類似案件提起上訴，例如一九九八年入獄的唐娜・安東尼（Donna Anthony）和二〇〇二年被判刑的安潔拉・康寧斯（Angela Cannings），兩人都被控謀殺自己的兩名小寶寶，兩個案子都有羅伊・梅多提供證詞。兩起判決後來都被推翻，兩人也獲得釋放。

莎莉・克拉克的故事有著不幸的結局。她一直未能從這場折磨中恢復，最後在二〇〇七年三月死於嚴重酒精中毒。模型（假設）的些微差異，可能讓看似極小的機率大幅改變。這就是機率槓桿法則。

搞清楚是我的機率還是你的？

機率槓桿法則有時可能很隱蔽，以出乎意料的方式潛入我們的生活。其中一種，雖然很清楚是機率槓桿法則的應用，實際上卻很容易瞞過我們的眼睛，那就是將一般人的機率用在明明不一般的人身上。底下是一個例子。

第五章講到雷擊的風險，還提到每年遭閃電擊斃的機率爲三十萬分之一。然而這是平均值。某些人被雷擊的機率高於一般人，有些較低。你不難猜出哪些人的生活方式會導致較高的雷擊發生率，反正絕對不是坐辦公室的。

就拿瓦特·桑默福德少校爲例吧。一九一八年二月，他在法蘭德斯騎馬時遭到雷擊，腰部以下暫時癱瘓。那次事故後，桑默福德搬到加拿大，嗜好也改成了釣魚，沒想到一九二四年當他坐在樹下時，那棵樹又被閃電擊中，造成他身體右半邊癱瘓。後來他復元了，但一九三〇年在公園再次遭到雷擊導致全身癱瘓，兩年之後（一九三二年）過世。這回就不是雷擊了。但他還是不能大意，因爲一九三六年他的墓碑也被閃電打到。他顯然應該改學編織，才不會時時遇到危險。

你要是覺得桑默福德少校時運不濟，那你應該聽聽美國維吉尼亞州保育巡查員羅伊·蘇利文（Roy Sullivan）的遭遇。他被閃電擊中了**七次**：一九四二年（讓他失去了大拇趾的指甲）、一九六九年七月（讓他失去了兩邊眉毛）、一九七〇年七月（讓他左肩燒焦）、一九七二年四月（讓他頭髮著火）、一九七三年八月（讓他重新長好的頭髮又著火了，雙腿也燒焦了）、一九七六年六月（腳踝受傷）和一九七七年六月（胸腹部灼傷）。這七次雷擊都有仙納度國家公園（Shenandoah National Park）主管泰勒．霍斯金斯（R. Taylor Hoskins）作證，並有醫師證明。其實，蘇利文說他小時候在田裡幫父親收成時，也被閃電打到過。

本章之前提過，就算機率分布發生微小改變，也可能對罕見事件的或然率造成大幅影響。被閃電擊中七次似乎是極為罕見的事件，但若你經常在雷雨交加時於公園中出沒，被閃電擊中就不是那麼不可能了。如果這人是保育巡查員，那麼用一般人遭遇雷擊的機率來推算他被閃電擊中七次的或然率，就可能產生嚴重偏誤。這又是機率槓桿法則的顯現。

賭盤的誤差：「搶銀行」

機率槓桿法則對錢的影響並不侷限於金融市場，賭博也逃不出它的掌心。以輪盤賭博為例，當玩家贏得的籌碼超過檯面上的總金額（但沒有超過賭場的總資金）時，就叫「搶銀行」（break the bank）。搶銀行顯然是罕見事件，但一八七五年約克郡居民約瑟夫．傑格（Joseph Jagger）就遇過一次，而機率槓桿法則正是他的推手。

因爲賭場在計算機率時預設每個號碼出現的機率相等，當輪盤有偏誤，不是每個號碼機會均等，那麼就算誤差再小，只要知道偏誤在哪裡，就能占有優勢。傑格就看出了偏誤所在。一八七三年，他僱用幾名助理統計蒙地卡羅博薩（Beaux-Arts）賭場內六個輪盤的開號結果。分析之後（由於電腦尚未發明，應該是不小的工夫），他發現其中一個輪盤開出7、8、9、17、18、19、22、28和29的次數，比其他號碼都高。一八七五年七月七日，他將籌碼押在這些號碼上，賺了一筆小錢，但賭場更動了輪盤的位置，於是他開始輸錢。不過，傑格想起那個問題輪盤上有一小道刮痕，便循線找出輪盤被移到了哪一桌，於是他又開始贏錢。賭場不甘示弱，每天移動輪盤上的金屬柵格，傑格又開始輸錢，便決定放棄。離開蒙地卡羅時，他帶走了相當於現在四百萬美元的彩金，全都轉作投資之用。

雖然傑格見好就收，但很少有賭徒能像他這樣沉得住氣。一八九一年同樣在蒙地卡羅「搶了銀行」的查爾斯．威爾斯（Charles Wells）顯然就缺乏自制力。他在三十轉輪盤中，押對了二十三次號碼，還連續五次押五號都中，贏得一百萬法郎，最後卻因爲一連串的詐欺案件被定罪，死時身無分文。

8 放寬標準，巧合無所不在：夠近法則

我寧願大致正確，也不要完全錯誤。

——經濟學家凱因斯

不大可能法則之下的「夠近法則」是這麼說的：**只要事件夠類似，就可以視為相同**。就算只是類似，也可當成等同，如此一來就增加了潛在的等同數量。

假設我想預測投擲我收藏的那顆百面骰子（我眞的有這麼一顆骰子，圓球表面磨出一百個小平面，點數從一到一百）會出現幾點，那麼猜對的機率是一百分之一。但若擲出的點數是我猜的數字**或**接近我猜的數字（如多一或少一），我也說自己猜對的話，那麼（比方說我猜十三點）猜中的機率就不是百分之一，而是百分之三（十二、十三或十四點都算猜中）。

假如你事先不知情，結果發現你和你朋友同時造訪柏林，你一定會認爲這是巧合。但要是你朋友去的是柏林的另一區呢？要是他在柏林停留的時間和你只有一天重疊呢？要是你朋

友其實去的不是柏林，而是附近的城鎮呢？甚至不是德國，而是法國（所以他和你同時去了歐洲）呢？這還算驚人的巧合嗎？

一旦放寬等同的標準，看似巧合的事件發生率就會增加。乍看極不可能的事件經過仔細檢驗後，或許會變得很有可能。

夠近法則是旁視效應的補充。我們先看某個等同有沒有在某處發生，然後放寬標準，再看該等同有沒有在**任何地方**出現，所以屬於「旁視」效應。例如在物理學裡，起初先看某特定值出現的次數是否過多（即資料「腫塊」〔bump〕），如果沒有就擴大範圍，接受**任何**數值的次數「腫塊」。前面說過，這樣的「旁視」必然會大幅增加找到腫塊的機率。夠近法則同樣會增加找到腫塊的機率，只不過方法是放寬腫塊的定義。如果一開始，定義次數超過期望值十倍以上才算腫塊，現在就放寬爲五倍。這麼做顯然也會增加找到腫塊的機率。

第五章提到我曾經接連收到兩封電郵，一封標題是「和穆爾（Muir）見面」，另一封是「繆爾（Miur）公證人名單」。夠近法則讓我將「穆爾」和「繆爾」視爲等同。第三章開頭提到比爾．蕭和他妻子，兩人都在多人死亡的約克郡火車事故中生還，但不是同一起事故，而是前後相隔十五年的兩起事故。就算第二起事故發生在比爾、比爾的兄弟姊妹、孩子或父母親身上，或是兩起事故相隔四年或二十年，報紙也一定會報導。夠近法則會放寬等同者和相隔時間的範圍，因而增加了這類巧合出現的機率，甚至大幅提高。

前幾章提到依據不大可能法則，某些看似巧合的樂透事件幾乎必然發生，夠近法則也是其中之一。你或許還記得第五章提到的維吉尼亞．派克，她有兩張彩券和威力彩頭獎只差了一組號碼。六組對了五組的機率遠高於六組全對；要是我們放寬「中獎」的定義，讓對中五組號碼也算中獎（報紙報導有時會這麼下標），那麼派克女士就是贏家：這是夠近法則的作用。麥克．麥德莫特也一樣，他一年內連中兩次國家樂透彩券的二獎，六組號碼對中五組，外加特別號。

同理，第五章的生日問題也是如此。我和你同一天生日或許是意外的巧合，但我和你的生日**相差不到一週**就沒那麼稀奇了。的確，只要「夠近」的標準放得夠寬，我和你的生日遲早會很近（我的生日在一月一日和十二月三十一日之間。**天哪！你也是？**）

第五章還提到有人聲稱在聖經裡找到隱密訊息，也就是所謂的聖經密碼。聖經有許多地方可以找到特定的字串。而且之前也說過，這些部分不必侷限於逐個字母，可以有其他方式，例如間隔幾個字母或字母在頁面上的二次元排列等。只要納入這些方式，我們想讓找到特定字串的機率要有多高就有多高。我之前舉過兩個例子（我還沒找到躲在這本書裡呼救的那個人），但例子不只如此。只要我們放寬字串吻合的條件，就能提高吻合出現的機率。如我之前舉的例子，我在找的單字是 help（救命），但只要我願意接受拼寫稍微有誤的字（例如 hlpe 或 hepl），合格的字串就變成三個（help, hlpe, hepl），找到吻合的機率跟著提高，因此可以預期發現更多吻合。事實上，多出來的這兩組字串（間隔四個字母）都正好各有一個吻合。旁視效應增加我們尋找的地方的數目，夠近法則增加了我們尋找的項目的數目。

不用說，夠近法則在僞科學世界裡也占有一席之地。第二章提過心理學家榮格的同時性。他在《同時性》裡還提過另一個故事：

> 我治療過的一位年輕女士曾經夢見有人給了她一隻黃金甲蟲。當時她處在治療關鍵期，我坐著背對窗户聽她描述自己的夢境。窗子關著，但我突然聽見背後發出聲響，很像有人輕敲窗户，於是我轉頭一看，只見窗外一隻昆蟲撞著玻璃，似乎想飛進來。我打開窗户，一把抓住飛進來的蟲子。原來是金龜子。在我們那個緯度，金龜子是最像黃金甲蟲的東西。和平常的習性不同，這隻金龜子顯然覺得非在這時候進到這幽暗的房間來不可。老實說，我之前沒遇過這種事，之後也沒再遇到，那位女病人的夢從此在我經驗裡占有獨一無二的地位。[1]

榮格認爲，金龜子在他的病人提到自己夢見黃金甲蟲時出現在他窗邊，這種巧合的連結「太有意義，能夠『湊巧』同時發生的機率太低，絕對是天文數字」。[2]

我不知道你的狀況如何，但我經常聽見大蟲子撞擊窗戶。我一直以爲那是因爲牠們還沒演化出辨別現代透明製品（如玻璃）的能力，誤以爲沒有隔閡，才會不斷想穿過去。但由於這個現象實在擾人，我每次都會注意到，就跟榮格一樣。榮格似乎沒有考慮到金龜子很常見（忽略了基準線機率有一個名稱，就叫**基本比率謬誤**〔base rate fallacy〕），不過倒是承認牠只是**近似**，是「在我們那個緯度最像黃金甲蟲的東西」，而非完全吻合。但要是別種甲蟲呢？甚至不是甲蟲？榮格願意將吻合的標準放到多寬？多近才是夠近？

艾利斯特．哈帝爵士知道，要判斷接收者畫的圖跟螢幕顯示的圖像吻不吻合，其實很難，必然牽涉主觀的評斷，必須由人來裁定兩個圖案是否夠接近，能否算作吻合。標準太鬆，就會有許多受試者好像有超能力；標準太嚴，又會錯過眞正有超能力的人。哈帝談到其中的幾幅圖畫時，說：「你很難不認爲七十四號圖案裡，宮殿外哨亭裡的守衛跟受試者畫的玩具兵有關，也很難不認爲六十一號圖案裡，金字塔跟受試者畫的山和路有關，更別說一百二十五號圖案裡的諾亞方舟，和受試者畫的火車站有所關聯了。兩者幾乎一模一樣，除了火車站的月台尾端是往下傾斜，而方舟的頭尾則是往上傾斜。」[3] 從這段話可以明顯看出，夠近法則有許多發揮的空間，將大幅增加看似吻合的機率。這跟我們將小孩畫的貓看成狗是一樣的道理。

亞瑟．柯斯勒也提了幾個會受夠近法則影響的超心理學實驗：

一九三四年，倫敦學院大學數學系講師索爾博士（Dr. S. G. Soal）讀到萊恩的實驗，便試著重做那些試驗。從一九三四年到三九年，他找了一百六十名受試者，使用齊納卡（Zener cards）[4]做了十二萬八千三百五十次猜測，結果沒有找到顯著的偏差，足以證明不是瞎猜。

柯斯勒接著說：

> 索爾覺得這些實驗毫無意義，正想放棄時，他的研究同仁威特利・卡林頓（Whately Carington）建議他檢查實驗報告，看有沒有「錯置的」猜測，也就是沒有命中目標卡片，不過中了前一張或**後**一張。卡林頓進行心電感應繪圖實驗時，發現某些受試者似乎有這種錯置效應。索爾勉強同意這項吃力的差事，分析了幾千欄的實驗數據，結果眞的發現（同時讓他大吃一驚）其中一名受試者巴希爾・謝寇頓（Basil Shackleton）持續猜對下一張卡片，也就是具有預知能力，次數之多絕不可能出於瞎猜。[5]

我們可以不斷延伸下去，尋找猜對目標卡片前兩張或前三張卡片的人，也可以尋找目標

卡片圖案是圓形，但都猜圖案是十字的人，諸如此類。由於這些作法等於放寬吻合的標準，因此依據夠近法則，最後一定會「發現」某位受試者分數很高。

附帶一提，路易莎．萊恩（Louisa Rhine）曾經提了一個理由，說明索爾無法重現萊恩實驗結果的原因。她認爲索爾的受試者對實驗不夠熱誠，只因爲索爾發出的徵人啓事就來參與實驗。不過，事實當然正好相反。受試者看到啓事還願意回覆，而且肯花時間參與這個基本上有點無聊的實驗，絕對有一定的熱誠。相較之下，大學生很可能因爲被逼著來做實驗，反倒比較冷淡。

不僅如此，連巨數法則和選擇法則也來插上一腳，好像單憑夠近法則還不夠有力似的。索爾找到一名受試者持續猜中目標卡片的**下一張卡**，但他總共找了一百六十人參與實驗，其中某人湊巧持續猜中下一張卡並不是什麼稀奇的事，因爲巨數法則這麼說。別忘了之前那個十萬人同時擲骰子的例子。沒錯，一百六十和十萬相去甚遠，但索爾期望的結果，也不像連續六次擲出相同點數那麼極端。選擇法則也有影響，索爾挑出結果最極端的受試者，聚焦在他們身上，無視於其他表現較差的人。這還是跟十萬人擲骰子的例子很像，只有擲出相同點數的才可以留下。

新的結果讓索爾大感振奮，便要謝寇頓接受更多試驗，並由二十多位顯赫人士在場觀察，得出的結果在統計上似乎是顯著的：[6] 也就是極不可能純粹出於偶然，而沒有預知或心電感應之類的超心理學能力在作用。這個結果似乎非常明確，並支持索爾的推論。

然而，這事還有下文。事實證明，索爾的實驗結果極具爭議，因爲他無法在後來的實驗重現同樣的結果，而其他超心理學家利用更精巧的統計分析，發現索爾的數據有人爲操弄的痕跡，有些序列重複使用或插入額外的數字。

知名超心理學家萊恩也被夠近法則愚弄過。亞瑟．柯斯勒指出：「包括萊恩在內的數名研究者都被迫承認，要是實驗者事前**沒有**看過目標卡片，之前拿到高分的受試者當中，有些人的表現就會變得和隨機猜測差不多。」萊恩的高分受試者是指，「閱讀別人心靈時」正確率高於偶然的人。當實驗者用未拆封的齊納卡圖案問這些人時，他們說中的機率也高於巧合。假如讀心和猜卡片都算念力的展現，那「受試者」擁有這種能力的機率就提高了。柯斯勒說：「這種現象稱爲『透視』，其定義爲『以超感官知覺掌握客觀事件的能力，但跟知覺別人心理狀態的心電感應無關。』」[7]我很喜歡這個例子，因爲它顯示了當結果不符預期時，人是多麼會想出各種「解釋」來自圓其說。

數字學也是夠近法則大展身手的領域。不同的公式竟然產生相同的數字，這就是數字學的一支。遇到這種巧合，不少人會懷疑背後必有原因。第五章舉的例子就是最好的證明。依據巨數法則，數字巧合必然會發生。只要找得夠久，隨機產生的亂碼當中也能找到你要的任何數列。

底下是夠近法則誤導人的一個例子。這個例子來自畢氏定理，你可能在學校裡學過。畢氏數是一組三個正整數｛a, b, c｝，滿足 $a^2+b^2=c^2$。例如｛3, 4, 5｝滿足$3^2+4^2=5^2$，以及｛5, 12, 13｝滿足 $5^2+12^2=13^2$。[8] 然而，數學界有一個非常有名的定理，稱為**費瑪最後定理**（Fermat's last theorem），它指出 a、b、c、n 均為正整數，當 n 大於二時，沒有任何 a、b、c 能滿足 $a^n+b^n=c^n$。例如，這個定理告訴我們沒有一組正整數｛a, b, c｝能滿足 $a^3+b^3=c^3$。

這個定理的名稱之所以這麼奇特，是因為法國數學家費瑪的緣故。一六三七年，費瑪在自己收藏的古希臘文《算術》（*Arithmetica*）的頁緣寫道，他已經找到一個絕妙的證明，可以證明此定理為眞，但因為頁緣太窄沒辦法寫下。由於他只簡單寫下問題，加上欲言又止，使得後代的職業和業餘數學家前仆後繼想要找出證明，努力了三百年始終徒勞無功，直到一九九五年由數學家安德魯．懷爾斯（Andrew Wiles）提出最後步驟，才總算得證。

如果費瑪最後定理為眞，那你怎麼解釋 $89,222^3+49,125^3$ 和 $93,933^3$ 的值都是 $828,809,229,597\times10^3$ 呢？這似乎表示｛89,222, 49,125, 93,933｝滿足 $89,222^3+49,125^3=93,933^3$，違反了費瑪最後定理。

正確答案是 $89,222^3+49,125^3$和$93,933^3$ 都只是**近似於** $828,809,229,597\times10^3$。$89,222^3+49,125^3$的精確值為$828,809,229,597.173\times10^3$，而$93,933^3$的精確值為$828,809,229,597.237\times$

10^3。兩個數值其實**不完全**相等，但對大多數人來說，兩者只差六十四已經**夠近了**，跟相等差不多。不過，安德魯·懷爾斯可以喘口氣了，因爲兩者的值終究不相等。[9]

放寬夠近的標準，就能找出許多看似符合條件的三個正整數，但這只是假象，因爲所謂的符合並不是眞的相等。

近似相等的數字有數不完的例子，隨處可見，有些甚至很玄奧，例如拉馬努金常數（Ramanujan’s constant）爲 $e^{\pi\sqrt{163}}$，等於：

262,537,412,640,768,743.99999999999925...

假設我們「只」計算到小數點後十二位，那很容易就會覺得它和262,537,412,640,768,744是相等的。這眞是驚人的巧合，但這麼做是錯的。[10]

上面的例子顯示了夠近法則會影響數字之間的關係。在其他領域，吻合或等同則源自物體的性質，金字塔學就是如此。一八四六年至一八八八年擔任蘇格蘭皇家天文學家的查爾斯·皮亞齊·史密斯（Charles Piazzi Smyth），在《大金字塔揭祕》（*The Great Pyramid: Its Secrets and Mysteries Revealed*）[11]一書中，描述了吉薩金字塔和天文測量值之間的關係，例如金字塔的周長如果以英寸計算，其數值就等於一千年的總日數。只要找出夠多的測量值，跟夠多的天文現象相比較，就能讓巨數法則、旁視效應和夠近法則聯手發揮綜效，要想不找到巧合也難！

不幸的是，英國考古學家佛林德斯．皮特里（William Matthew Flinders Petrie）一八八〇年重新測量了吉薩金字塔的結構，得出更精確的數值，比原始測量值小，讓史密斯精心構想的理論功虧一簣。皮特里說他的測量結果「只是一個小小的醜陋事實，卻殺死了一個美麗的理論」。事後證明，史密斯對耶穌再臨日的預測和其他人一樣是錯的。

結束本章前，我覺得應該持平而論，某些表面巧合的背後確實蘊含了眞理，例如第五章的「怪獸」和數字 196,883。還有一個例子是美國東部的海岸線，和歐洲及非洲西部的海岸線彼此吻合。海岸線的吻合讓三塊大陸有如拼圖，而且這個現象不是單純的巧合。事實上，這三塊大陸過去曾經接在一起，只是地函裡的對流岩漿將陸塊扯開，熔岩灌入大西洋中央的裂隙，形成新的海床，讓三塊大陸從此分家。

最後，讓我們從數學和物理學的領域轉向古典文學。狄更斯在他的《老古玩店》（*The Old Curiosity Shop*）裡，描述齊特的母親和芭芭拉的母親頭一次見面時的對話：

> 「我們都是寡婦呢！」芭芭拉的母親說：「上天註定我們要認識。」……循果溯因，兩人很自然地聊起過世的丈夫，比較他們的生前、死後及葬禮，細細回顧他們的

點點滴滴，一絲一毫都精準無比，例如芭芭拉的父親比齊特的父親大了四年十個月，一個週三過世，一個週四告別人間，兩人都是好人，而且英俊到極點，還有許多驚人的巧合。[12]

這眞是夠近法則的最佳範例。

9 機率與人類心靈的交會

我若是不相信，就不會看到了。

——加拿大媒體理論家麥克魯漢（Marshall McLuhan）

前幾章介紹了不大可能法則的幾種展現方式，包括必然法則、巨數法則、選擇法則、機率槓桿法則和夠近法則。有一點非常清楚：不大可能法則有許多面向，都來自於無法正確瞭解大自然的運作方式，來自我們思考的常見癖性。接下來，就讓我們仔細瞧瞧不大可能法則的人性面。

機率是什麼？——連統計學家也會被騙

講起人性面，最直截了當的起點就是，我們對機率的直觀理解欠佳。舉個簡單的例子：

我們很難以隨機的方式行動。要受試者隨機寫下一串數字，他們所寫出的數列往往同質性太高，如避免同一個數字連續出現。機率和偶然其實常常違反我們的直覺，就連專業統計學家也會被騙，必須坐下來冷靜計算，才能突破盲點。

想像這樣一個人：

約翰大學攻讀數學，後來轉念天文物理學拿到博士學位。他先在某大學物理系工作了一段時間，接著在一家演算法交易公司找到差事，研發非常複雜的統計模型，用來預測金融市場的走勢。閒暇時，他常去參加科幻小說大會。

請問以下兩個選項哪一個比較可能？

A、約翰已婚，育有兩子。

B、約翰已婚，育有兩子，晚上喜歡破解數學謎題和打電玩。

大多數人會選B。其實，符合選項B的人，是符合選項A的人的子集合，也就是，約翰如果符合選項B，他一定至少符合選項A。因此，約翰符合選項B的機率，絕不可能大於他只符合選項A的機率。

這樣的答案違反了我們的直覺。某些人提出解釋，認爲原因是選項B符合我們對約翰的刻板印象。依據先前的描述，那些活動感覺很像約翰會做的事。現在想像另一種情境，邏輯結構和上一個例子相同，但對約翰的描述不同：

約翰是男性。

請問以下兩個選項哪一個比較可能？

A、約翰已婚，育有兩子。

B、約翰已婚，育有兩子，晚上喜歡破解數學謎題和打電玩。

約翰符合選項B的機率，顯然還是小於他只符合選項A的機率。

這種直覺的誤判稱爲**合取謬誤**（conjunction fallacy），上面的例子還不是最誇張的。我們有時會覺得兩個獨立事件**一起發生**，比兩個事件各別發生的機率更高，例如認爲中樂透那天**同時**下雨的機率，會比只中樂透還高。

合取謬誤的另一個成因是，人有時會倒轉機率。題目先描述約翰，然後問我們他符合選項A或選項B的機率，但我們的思考角度正好相反，而是先看選項A和選項B，然後判斷約翰比較符合哪一個描述。

這種錯誤源自一個常見的重要混淆，叫作**檢察官謬誤**（prosecutor's fallacy）或**條件對調法則**（law of the transposed conditional）。檢察官在審判時告訴陪審團，假如被告是無辜的，那他的指紋就不大可能出現在犯罪現場，但現場有他的指紋，就證明他不是無辜的。

然而，這樣的推論是錯的。我們眞正想要搞清楚的是，在犯罪現場有被告指紋的前提下，他是無辜的機率爲何，而不是在被告並非無辜的前提下，他的指紋出現在犯罪現場的機率爲何。這兩個機率可能大不相同。

只要舉一個極端的例子，就可以看出這種順序顚倒的謬誤之處。目前在藍籌股公司擔任執行長的男性遠多於女性，因此如果你是執行長，那你是男性的機率遠大於二分之一。但如果你是男性，那你是執行長的機率可就大不相同，應該遠小於二分之一，因爲男性（女性也一樣）身爲執行長的比例很低。

讓我們在審判的例子裡，加上一些假設的數字來說明。

表九之一顯示無辜和有罪的被告，以及他們的指紋是否出現在犯罪現場的可能狀況。假設無辜**且**指紋出現在犯罪現場的被告有九人（左上欄），有罪**且**指紋出現在犯罪現場的被告

表九之一

審判

	無辜	有罪
有指紋	9	1
無指紋	70億	0

只有一人，無辜且指紋不在犯罪現場的人數為七十億，也就是地球上的其他人口。由於真正的犯人只有一個，因此沒有人既犯下罪行又沒有指紋在犯罪現場，也就是表九之一的右下欄為零。

我們想知道被告的指紋出現在犯罪現場、但他不是真凶的機率。指紋出現在犯罪現場的共有十人，其中九人是無辜的，因此機率為 9/10=0.9。

某人無辜、但指紋出現在犯罪現場的機率呢？無辜者總共有七十億零九人，其中九人指紋在現場。因此某人無辜、但指紋出現在犯罪現場的機率為七十億零九分之九，確實非常不可能。

我們算出的這兩個機率值相去甚遠，一個接近一，另一個趨近於零。我們應該在意的是前者，也就是指紋在現場、但不是犯人的機率。我們算出的數字為〇．九，是很高的機率，但要是我們搞錯了，和假想的檢察官一樣認為是第二個機率，也就是假設某人無辜、但指紋在現場的可能性，那就會得到極低的機率。如此一來，我們就不會相信他無辜，反倒認為他很可能就是犯人。如果這不叫司法不公，什麼才叫司法不公？

檢察官謬誤還有其他版本，乍看略有不同，但都出自同一種混淆。

我們對機率的直覺理解還有一個常見的錯誤，就是**基本比率謬誤**（base rate fallacy），因爲人有時會忽略背景機率，例如他們可能不接受罹患罕見疾病機率很低的事實。

讓我們來看一個例子。

假設我們發明了一台信用卡詐騙偵測儀，可以正確地將九九%的合格交易判定爲合格，將九九%的詐騙判定爲詐欺。聽起來很不錯吧？

沒聽過基本比率謬誤的信用卡經理，可能決定相信這台儀器，當它警示某筆交易可能涉及詐欺時，他就立刻鎖卡，防止該卡再進行交易。看起來很好。但現在假設我告訴你一個實際數字，每一千次信用卡交易約有一次是詐騙行爲。這個數字（千分之一）就是基本比率。由於合格交易的數量遠高於詐騙，因此儀器測出的可疑交易爲誤判的機率，其實遠高於該交易確實爲詐欺的機率。事實上，儀器測得的可疑交易爲合格交易的機率爲九一%。換句話說，雖然這台儀器可以正確判斷九九%的詐欺和九九%的合格交易，但有九成的警報（可疑交易）是誤判。

信用卡的例子很好理解，因爲我們知道詐欺交易的基本比率爲一千比一。但基本比率謬誤的可怕之處在於，我們有時並不知道背景機率。遇到這種時候，人往往只憑主觀經驗來估計機率。尤其當人有過類似的具體經驗，而且很容易想到時，就常會高估該事件的可能性。

不幸的是，一件事太容易想到，也就很容易遭到扭曲。諾貝爾獎經濟學得主丹尼爾·康納曼是**展望理論**（prospect theory，該理論被定義爲「人類非理性行爲的理性論」[1]）的發明人，他曾經提過一個很棒的例子。他要受試者推斷，從英文文章裡隨機挑選一個字，該字以k開頭的機率高，還是第三個字母爲k的機率高。大多數受試者都會選擇前者，認爲以k開頭的字比較多。其實就一般文章（無論性質爲何）而言，k是某字第三個字母的機率大約是k是開頭字母的兩倍。問題是我們很難想到第三個字母是k的字。

一般而言，當我們愈容易想到例子就愈容易高估機率。康納曼將這種現象稱爲**可得性簡易原則**（availability heuristic）。遺憾的是，容不容易想到例子其實深受外在因素的影響，如媒體頭條報導等。事實上，新聞報導很可能是民衆對犯罪率愈來愈焦慮的原因之一，甚至當犯罪率下降，民衆的焦慮依然不會和緩。

就算你對自己過去的經驗很有信心，認爲足以代表眞實情況，原則上可以正確推測機率值，也會由於回憶不是一張白紙或電腦而打折扣。因爲記憶並非日常生活的忠實紀錄，而是一個動態處理系統，會觀察、評估、篩檢、結合、重組、強化和挑選我們的經驗。強烈的經驗會留下深刻的回憶，剛發生的經驗比舊經驗更容易被喚起。

心理學家魯馬·弗克（Ruma Falk）曾經舉過一個例子，說明機率評估的可塑性。他證明巧合所引起的驚訝程度會隨著發生的脈絡而異：增加無關的細節會讓巧合更令人吃驚。此外，發生在自己身上的巧合，會比發生在別人身上的更令人詫異。不過，這可能是因爲我們潛意識察覺到巨數法則的作用：「這件事可以發生在非常多人身上，而我只有一個人，因此發生在別人身上比較不令人意外。」

打開各種偏誤的後門：預測、模式和傾向

記憶可塑性和第二章提到的驗證性偏誤有關。人會下意識留意支持自己信念的證據（或科學假設），而非相反的證據。讓我們來看一個例子。

我心裡想好一個數列產生規則，頭三個數字爲二、四和六。你必須猜測接下來三個數字爲何，之後我再公布答案。接著重複同樣的步驟，你再猜三個數字，由我公布答案。就這樣繼續下去，直到你很有把握，覺得知道我心裡的那個規則爲止。

在這個例子裡，人通常會找支持自己假設的三個數字，因此若你覺得我的規則是「連續偶數」，你就會猜接下來的三個數字是八、十和十二。如果我說你猜對了，你就會猜接下來三個數字是十四、十六和十八。要是我又說你猜對了，你可能會很有把握，覺得我的規則很

簡單，就是每次加二。

的確，你猜的數列滿足了我的規則，但我的規則其實並非如此，而是任何漸增的整數集合。在這個例子中，人會偏向尋找支持自己假設的三個數字，而不是用其他可能成爲反證的數列來檢驗自己的假設。

有趣的是，理想化的科學觀認爲，科學就是科學家先想出假設，然後用實驗來反證它。假設愈經得起實驗考驗，就愈可能爲眞。但由於科學名聲來自成功的假設（也就是通過考驗的假設），因此人很自然會讓考驗簡單一點，別太刁難自己的假設。幸好科學界非常競爭，永遠有科學家等著測試你的假設，好證明你是錯的！

人會尋求數列二、四、六、八、十、十二……背後的規則，這源自人類（其實是所有動物）尋找模式的心理需求與能力。這一點之前提過幾次。這是演化的自然產物。誰愈能看出老虎接近的跡象、好戰部落準備偷襲的身影，或某種果實可不可食，誰就更有機會存活，將基因遺傳給下一代。不過，之前討論迷信時說過，事件的模式可能是偶然出現的，沒有任何原因。當兩個事件並無關聯，卻相信它們彼此相關（即甲事件的發生和乙事件有關），這樣的謬誤通常稱爲**錯覺相關效應**（illusory correlation effect）。統計推論便在這裡派上用場，因爲它的目的就在分辨哪些模式純粹出於偶然，哪些背後確有成因。

運動和博奕活動中的**熱手謬誤**即是模式的一種，第二章討論過了。這個謬誤乍看之下非常合理，但統計分析顯示它是錯的。球員連續進球的現象，無須假設能力或運氣變化也可以解釋，人只是常常低估偶然連續命中的機率而已。之前提過，如果要人創造隨機數列，他們寫下的數列往往太分散，太少會有同一個數字連續出現。就是這個現象讓人低估連續數字（例如8和9、23和24）出現在樂透彩頭獎號碼中的機率。同樣地，如果要人創造隨機的零與一數列，就像投擲硬幣出現正面（一）或反面（零），他們往往會避開極端值，也就是正面（或反面）出現的比例會比實際投擲硬幣時，更接近二分之一。

還有一個違反直覺的效應也會助長熱手謬誤，就是人常會低估比賽中兩名能力相當的選手各自領先的時間比例。這個效應有時非常驚人。假設我們投擲一枚公正的硬幣，每秒投擲一次，二十四小時連續不間斷投擲一整年，然後分別統計出現正面和反面的次數比例。你可能會覺得這一年中，正面多於反面和反面多於正面的時間應該一半一半，因爲再怎麼說，投擲一整年後，正面出現的比例應該接近二分之一。

但你錯了。雖然奇怪，但事實是，正面始終多於反面或反面始終多於正面的機率非常高，而且最後六個月，正面始終領先或反面始終領先的機率約爲二分之一。換句話說，如果多人連續投擲硬幣一年，其中約有半數的人最後半年不是一直擲出正面多於反面，就是一直擲出反面多於正面。更慘的是，計算顯示每十名投擲者就有一人，最後一次正反面領先交換（從正面較多變爲反面較多或從反面較多變爲正面較多）會在一年的頭**九天內**發生。

康乃爾大學的湯馬斯・吉洛維奇（Thomas Gilovich）和史丹佛大學的羅伯特・瓦隆（Robert Vallone）及艾默斯・特維斯基（Amos Tversky）做了一個重要的研究，打破熱手謬誤的迷信。[2]他們研究籃球數據，分析費城七六人隊和其他球隊的投籃紀錄，並且用康乃爾大學籃球隊的球員（男女都有）當成控制組，結果發現「沒有任何證據顯示，連續得分的結果之間有任何正相關」。他們認爲這個迷信之所以歷久不衰，是因爲「連續進球比其他現象更容易記得，使得觀察者往往高估連續命中的相關性」。

其他研究也得出類似的結論，例如克里斯提安・歐布萊特（Christian Albright）分析棒球數據，發現「某些球員在單一球季可能出現顯著的高低潮」，[3]亦即連續安打或連續出局。但我們必須牢記一點，永遠會有人在排行榜前端，有人敬陪末座。只要研究的球員夠多（歐布萊特分析了五〇一名球員），就應該預期一定會有某些球員出於偶然呈現高低潮。歐布萊特很清楚這一點，他接著說：「出現非隨機表現的打擊者比例，很接近隨機模型的預測結果。」

熱手謬誤很有吸引力，因爲我們天生喜歡尋找模式（如連續得分），使得這種迷信很難抗拒。結果之一就是，永遠有新的研究者站出來破除權威。之前提過，這是科學的本質，其他研究者會檢驗和探究你的理論與解釋，看能不能通過新數據的挑戰。這樣的反擊也落在吉洛維奇三人身上，批評他們沒有控制所有的相關變因。批評者主張，運動和博奕不是投擲硬幣之類的抽象模型，還需要考慮許多因素才能做出公正的分析，例如球員的心理狀態、健康、輕傷等，還有就是球員出手的間隔時間。若熱手現象會隨著時間而減弱，而分析不容許時間因素，那麼分析的結果顯然會受到影響。

還有人提出其他反駁，企圖推翻吉洛維奇的結論。這些人認爲吉洛維奇和他的同事蒐集的數據不足，無法找出微小、但確實存在的正相關。這的確可能，不過趨近於零的正相關其實沒什麼意義。一般而言，要找的差異愈小，就需要愈多數據。例如我們只需投擲幾次硬幣，發現九成都出現正面，就知道這枚硬幣有問題（因爲出現正面的機率不是〇．五）。但若出現正面的機率是〇．五〇一，就得投擲非常多次才能確定硬幣公不公正了。需要多少數據，端視你覺得多小的差異值得關注。但要是差異只有〇．〇〇一，我們還會在乎嗎？

歐布萊特不認爲連續安打和「手感」有關，而從吉姆．艾伯特（Jim Albert）身上，我們可以看到要說服那些相信熱手現象存在的人有多難。[4]他說：「我認爲光憑這個分析不能推論手感不存在，而是明白手感和其他情境變數一樣，是潛藏在數據深處的特質……手感這個特質既不爲多數人所瞭解，也很難在統計上看出。」

你沒辦法反駁他。所有數據都有其微妙處，而且我們不難想像這些微妙處有許多都是隱而不顯的。不過，艾伯特話中確實有回護的意味：「從數據看似乎是我錯了，但也許手感在某些情境下確實存在。」這麼說可能沒錯，但我不禁想到那些相信超感官知覺和超心理學的人，想到他們面對實驗始終無法證明超感官知覺和超心理學存在時的說詞。

從面對巧合的態度，也可看出人在事件中尋求模式的潛意識需求。第二章談到同時性概念時，舉過幾個例子，接下來的例子還是出自於榮格之手，收錄在他的自傳《回憶、夢、省思》（*Memories, Dreams, Reflections*）裡。[5]

第一個例子是榮格治療過的病人。那人被他「拉出心理憂鬱的深淵」之後，娶了某位榮格「不喜歡」的女子爲妻。榮格說「那位妻子的態度對我的病人造成了沉重的負擔，讓他不堪負荷」，結果又發病了，再也沒有跟榮格聯絡。他接著又說：

> 那天我必須到某處去講課，將近半夜才回到旅館。我和幾位朋友坐了一會兒才上床，但遲遲無法成眠。深夜兩點左右（我一定是睡著了），我從夢中驚醒，覺得有人進了房間，甚至感覺門被匆匆推開。我立刻開燈，但什麼都沒看見。我心想可能有人走錯房間了，便探頭往走廊瞧，但外頭一片死寂。「眞怪，」我心想：「剛才眞的有人在房間裡！」之後我試著回想剛才發生了什麼事，結果想到自己是因爲一陣悶痛醒來的，感覺就像有人敲了我的前額，然後又敲了後腦勺。隔天我收到一則電報，說我的病人舉槍自盡了。我後來得知子彈就留在他後腦的腦殼內。
>
> 這是一次貨眞價實的同時性現象，在原型情境裡（本例中爲死亡）經常可見。藉

由無意識世界的時空相對化，我可能感知到了實際上發生在別處的事件。6

確實如此，但也可能是熬夜到半夜兩點引發頭痛，正巧隔壁房間的人大力關門，將他驚醒。我們必須考慮，他半夜在旅館房間醒來（我知道我遇過很多次），但和「原型情境」無關（至少我的都無關！），又不需要「潛意識世界的時空相對化」便能解釋的經歷有多少。這個事件可能讓榮格大感驚奇，但使用不大可能法則就能說明。

第二個例子更怪、更造作。

一年後我又畫了一張圖，同樣是曼陀羅，並且在正中央畫了一座金城堡。畫完之後，我心想：「這座城堡怎麼感覺好像中國宮殿？」城堡的形式和用色讓我印象深刻，感覺很有中國風，其實一點也不中國。但我就是有那種感覺。這件事情過後不久，巧合就來了。我收到衛禮賢（Richard Wilhelm）的來信，裡面附了一本道教煉丹古籍《太乙金華宗旨》，希望我寫書評。

爲了紀念這個「同時性」巧合，我寫道……7

以榮格如此不尋常的興趣來看，我敢說他經常收到別人寄來的奇特手稿（或聽人提起奇怪的經歷。我們要將範圍放得多寬？要多近才算夠近？），而且他也沒說「過後不久」到底是多久。不大可能法則告訴我們，這兩件事（榮格對自己畫作的主觀感覺和他收到信）「湊巧」同時發生，其實一點也不稀奇。那本書根本和金城堡無關！如果書裡講的是紅城堡，會跟講一朵金花的著作一樣教他吃驚嗎？重點是榮格這麼做，等於幫選擇法則開了後門。他只留意與辨識跟他特別相關的主題。

機率槓桿法則在這類情境中，也經常出現。我們可能讀到某篇文章，文中提到某個人，結果不久就在電視上見到他，然後又聽見一名同事提到他。我們起初或許以為是巧合，竟然不斷聽到他的名字。但假設這人做了某件事，讓他上了新聞。這表示他出現在報紙、電視上和被同事提到的機率都會提高。這些事件背後都有一個共通的原因，改變了機率分布。這個例子再次說明，忽略相依性可能導致我們誤判機率，就像莎莉．克拉克弒嬰案一樣。

第六章提過一個類似的狀況：我們讀到一個不曾見過的新字，接著很快又遇到一次。之前我解釋這個經驗如何源自選擇法則，但不大可能法則的其他面向也能說明這個現象，甚至聯手發揮，讓它更加驚人。也許是你的行為變了，例如開始涉獵新的領域，而那個字在該領域並不罕見，或是認識了一位新作家，而那位作家常用這個字，於是機率槓桿法則就出現了。也許你之前其實遇過這個字，只是它現在成了焦點，讓你對這個字變得更敏感，這時又是選擇法則上場了。也可能是外在條件變了，讓原本少用的字開始流行起來。例如字義變了，變得非常熱門，好比「推特」，或是新發明的字，如「谷歌」，但也可能是字跨越了國界。這是機率槓桿法則的作用，只是屬於另一種形式。

這本書快寫完之前，我就經歷過類似的敏感狀態。我喜歡用各種統計方法研究天文學，也愛鑽研人爲何那麼容易被誤導，而且一直在讀魔法方面的書。二〇一二年十月六日，《時代》雜誌依照往例列出十月六日出生的大人物，一七六五年至一八一一年擔任皇家天文學家的內維爾．馬斯克林（Nevil Maskelyne）也名列其中。沒想到往下翻幾頁，雜誌提到第二次世界大戰期間的一則軼事，蒙哥馬利將軍騙過了隆美爾將軍，讓隆美爾誤以爲盟軍會攻擊某處。他派畫家和木匠將六百輛坦克僞裝成卡車，外表毫無威脅，並且在別處設置僞裝的槍砲與坦克。當時受命執行這項計畫、而且文中提到的人，就是有名的魔術師亞斯培．馬斯克林（Jasper Maskelyne），而他自稱是內維爾．馬斯克林的後裔。還眞巧啊，我心想，這兩人竟然同時被提到，而且在同一份雜誌裡，出現在兩篇完全無關的文章中！但別忘了，我會注意到這點，純粹是因爲我對兩篇文章的主題都感興趣，也就是天文學和魔術。於是我不禁好奇自己到底錯過了多少「巧合」，而其他擁有和我不同興趣的人，又會在這份雜誌裡見到多少巧合？這就是選擇法則。此外，由於兩篇文章提到的馬斯克林不是同一個人，因此夠近法則也參了一腳。

心理驚奇：謬誤與模式不斷輪迴

上一節討論了事件的模式，以及某些心理謬誤如何讓人更容易遇見模式，例如我們往往會低估同一數字在隨機數列中連續出現的機率。上一節還探討了環境或我們自身的變化，如何讓預料外的模式更可能出現，使得我們大感意外。

這類現象，有時會因**回饋機制**（feedback mechanism）而變得更加明顯。當某個事件或現象的反應，會提高該事件或現象未來的發生機率時，就是回饋。回饋機制在生物系統中很常見，**獵食者與獵物循環**就是一個好例子。加拿大猞猁以雪鞋兔為食，雪鞋兔增加，就有更多猞猁找得到食物而存活，猞猁就會增加。猞猁增加，就有更多雪鞋兔被吃，雪鞋兔就會減少。雪鞋兔減少，許多猞猁找不到食物，猞猁就會減少。天敵減少，雪鞋兔就會增加。就這樣周而復始，反覆循環。

經濟波動是另一個例子。股價上揚吸引更多人購買，於是股價推得更高。股價更高，買氣更加暢旺，股價又往上漲，直到某些人覺得股價到了頂點。這些人把股票賣了，股價稍微下跌，其他人看見股價下滑，便跟著出售持股，讓股價更往下挫，就這樣一路走低。

第二章提到的自我實現預言，就是一種回饋機制。相信某件事**會**發生，將讓人採取某些行動，結果讓那件事**更可能**發生。還記得羅伯特・墨頓的例子嗎？焦慮的學生相信他考試會不及格，花在擔心的時間超過讀書，結果眞的被當了。據說樂觀的人由於期待遇到好事，比較容易置身於**可能**遇到好事的情境中。相信自己天生好運的人當然會找機會，讓自己的好運得以發揮。諾丁罕史塔波佛德（Stapleford）的麗茲．狄奈爾（Liz Denial）贏過一台三十七吋液晶電視、一套家庭劇院組、兩台Xbox、一趟五星級肯亞度假之旅、電視比賽獎金一萬六千五百英鎊，和大大小小許多獎品。更驚人的是，她說她從二〇一二年十月到二〇一三年六月（報紙報導了她的成功故事之後），天天中獎。[8] 這表示她參加了爲數驚人的活動。還記得第四章提到的樂透宣傳口號「參加才能中獎」嗎？這裡也是同樣的道理。只要「參加」夠多的活動，巨數法則就會接手。

同理，樂觀者相信只要找得夠久就能得償夙願，往往會比認爲沒機會的悲觀者花更多時間尋找。而花更多時間，就代表樂觀者更可能找到他們所要的東西。

不過，別忘了選擇法則！想想那些自豪地說「因爲我相信，所以我康復了」的重症患者。那些同樣相信自己會痊癒，結果事與願違的人都過世了，沒有機會跟你說他們失敗了。

參加才能中獎，這句話有如一把刀，劃分了不可能（機率爲零）和可能（機率大於零，但中樂透的機率只是**略大於**零）的世界。不幸的是，我們通常不太會估算非常小的機率，往往**高估**（認爲沒那麼少發生）微小機率，而**低估**（認爲沒那麼常發生）極大機率。對於微小機率的認知偏誤，我們稱爲**可能性效應**（possibility effect）。眞正的機率可能只有百萬分之一，我們卻會放大它。中樂透頭獎的機率是一千四百萬分之一，就波萊爾定律來說已經夠小了，但我們還是照買不誤。同理，人往往願意拿出大把鈔票，就爲了減少或消除極小的風險。舉個誇張的例子，你可以買到外星人綁架險，而且（你聽了應該很高興），綁架歸來後的所有醫療費用也都會給付。

可能性效應會誇大波萊爾定律的影響，讓我們以爲不大可能的事件其實沒那麼不可能，甚至覺得機率不低。然而，波萊爾定律告訴我們，如果一個事件眞的極不可能，我們就不會見到它發生。換句話說，就算我們覺得很可能，也不會見到它發生。眞實世界和我們信念之間的落差被放大了。

和可能性效應一百八十度相反的是**確定性效應**（certainty effect），也就是低估幾乎確定會發生的事件的機率。還有一個心理現象，跟確定性效應形成有趣的對比，那就是**過度自信效應**（overconfidence effect）。當人預測某件事會不會發生時，往往會對自己過度自信。事件其實沒有人們預測的那麼常發生。這一點又和**後見之明偏誤**（hindsight bias，認爲過去的事件其實比當時所想的還可預測）有關，稍後會再說明。

要搞清楚這些偏誤很不容易，而我們對機率的詮釋又會隨視角而異，使得問題更加複雜。假設現在有兩種醫學試劑，一種正確率九五％，另一種九六％。你可能覺得兩個同樣有效，但讓我們從另一個角度來看。一號試劑會誤判五％的患者，二號試劑只有四％，兩者的差距爲 5% － 4% ＝ 1%，相當於五%的二〇%，因此二號試劑的誤判率比一號試劑少了五分之一，感覺比後者準確**多了**。

同樣的道理，如果機率很小，那麼就算乘以二還是非常小。假設某家藥廠宣傳新藥時，宣稱十萬人中只有一人有副作用，而對手的產品五萬人中就有一人出現副作用（相當於十萬人中有兩人），則新藥的副作用發生率只有對手的一半。夠好了吧？是不壞，但兩者的差別只有十萬分之一！非常小。生活中有那麼多風險要考量，這可能不是你最該擔心的問題，儘管不適用於波萊爾定律，但還是可以忽略。我們可以不用在意兩者的風險差異。

還有一個更不易察覺的偏誤，稱爲**分母的忽略**（denominator neglect）。專業的機率書時常會提到一些受限制的人工環境，這些環境能將我們從現實的複雜環境中抽離出來，讓焦點集中在機率上。本書多次提到的投擲骰子或硬幣就是一例。同理，機率書有時會假想我們從缽裡抽彈珠。假設現在有兩只缽：

一號缽有十枚彈珠，九白一紅。

二號缽有一百枚彈珠，九十二白八紅。

實驗者告訴你哪一個缽裡是十枚彈珠，哪一個是一百枚彈珠。

現在實驗者要你挑一只缽，然後閉起眼睛伸手抽一枚彈珠，只要抽到紅色彈珠就有獎品。問題來了，你應該選擇哪一只缽？十枚彈珠的那一只，還是一百枚彈珠的？

簡單計算就能知道，從一號缽抽到紅色彈珠的機率是一〇％，二號缽的機率是八％，因此照道理應該選擇一號缽。但大約三分之一的受試者都選擇了二號缽。或許因爲二號缽裡的紅色彈珠較多，使得許多人以爲二號缽裡的彈珠混合得更均勻。這一點是沒錯，但他們因而推論彈珠混合愈均勻就愈容易抽到紅色彈珠，這卻是錯的。

第三章提到大數法則（請注意**不是**巨數法則）。該法則指出從某個群體中隨機挑出一組數字，當挑出的數字愈多，其平均值就會愈接近整個群體的平均值。有些人誤以爲大數法則也可以用在小數字上，這是不對的。這個謬誤有時稱爲**小數法則**（law of small numbers）。

假設投擲一枚公正的硬幣一百次。大數法則告訴我們，正面出現比例遠遠偏離二分之一（即機率〇．五）的情況很少發生。事實上，計算顯示正面出現機率偏離〇．五、達〇．一以上（即高於〇．六或低於〇．四）的機率爲〇．〇三五。依據小數法則，我們可能以爲投擲硬幣五次，正面出現比例低於〇．四或高於〇．六的機率同樣很小，但計算顯示機率竟然有〇．三七五，是投擲一百次的十倍多！

同一種現象還有另一個例子。假設我們要比較兩種局部麻醉劑，便將其中一種給隨機挑選的四名病人使用，另一種給隨機挑選的四十名病人使用。爲了評估麻醉劑的效力，我們用銳器戳刺病人的皮膚，但不刺穿，並詢問病人不舒服的程度，請他們按三個等級評分：很痛、稍微不適和幾乎無感。

現在假設，這兩種藥物對受試病人所在的母群體其實效力相同，都各讓三成的人表示皮膚「很痛」，那麼兩組受試者應該也各有大約三成的人會是這個反應。雖然這只是平均值，但當第一組四名受試病人統統說他們皮膚很痛，我們可能不會非常意外（實際機率爲一百二十三分之一）。

然而，要是第二組四十名病人統統表示他們很痛（實際機率爲1／8×10^{20}），我們可能會大吃一驚。小團體的比例波動幅度大於大團體，使得極端狀況的發生率更高。小數法則就是在講這一點，人往往忽略了案例少時，變動幅度較大。

第六章曾經提到變動性較大時的影響。測驗成績波動較大的求職者和測驗成績較平均的求職者，就算多次測驗下來的平均分數差不多，前者還是比後者更可能拿高分。其實道理都一樣，只不過這回的高變動性是來自樣本數較小：樣本數較小導致樣本平均值變動較大。因此，兩位能力相當的外科醫師中，操刀次數較少的那位手術成功率可能起伏較大。從不大可能法則的觀點來說，意思就是由小量數據得出的觀察，可能會產生較少見的平均值。

無獨有偶，小數法則還被用來指稱其他現象，卜松分布的數字行爲是其中一例，理查德．蓋伊（Richard Guy）的**強小數法則**（strong law of small numbers）是另一例。蓋伊說得輕描淡寫：「沒有足夠的小數字能滿足以小數字爲主的許多要求。」[9]意思是小數字太少了，因此會在許多地方冒出來，讓人感覺到巧合。蓋伊提出一個問題：和小數字有關的巧合是純粹出於偶然，還是背後有更深的眞理？要回答這個問題，就得將例子擴充到較大的數字。如果巧合純粹出於偶然，一旦數字變大就會消失。底下有兩個例子，蓋伊提出的是第二個：

例子一：我們發現$3^2+4^2=5^2$和$3^3+4^3+5^3=6^3$，便猜想這個關係是否對三以上的連續整數都成立，例如$3^4+4^4+5^4+6^4=7^4$？抑或只是巧合？

例子二：首先寫下所有正整數（如第一列），然後移除第偶數個正整數（如第二列），再將剩下的正整數連續相加（如第三列，1+3=4、1+3+5=9，等等），就會得到平方數形成的數列。

1	2	3	4	5	6	7	8	9	10	11
1		3		5		7		9		11
1		4		9		16		25		36

我們想知道，出現平方數是數字本身的性質所導致，或只是因爲例子中的數字很

小，碰巧成立而已？[10]

關於強小數法則的結果，蓋伊提了許多種表達方式，例如「表面的相似會釀成虛假的陳述」和「多變的巧合會造成隨便的猜測」等等。

事件和心靈傾向的互動還有一個面向，雖然不屬於不大可能法則，但不提它就不夠完整，那就是**莫非定律**（Murphy's law）：可能出錯的一定會出錯。在進入下一個主題前，值得談談這個定律。

莫非定律其實是對宇宙老是不順人意的一種嘲諷，但還不是最猛烈的。魔術師內維爾・馬斯克林（不是前皇家天文學家，而是稍早提到的亞斯培・馬斯克林的父親）曾經寫道：「要怪事物天生邪惡也好，無生物徹底墮落也罷……總之可能出錯的**一定會出錯**。」[11] 我個人比較喜歡「無生物徹底墮落」這個說法。

雖然有人說，莫非定律是出自一九四九年於美國愛德華空軍基地服役的空軍上尉艾德・莫非（Ed Murphy）之口，但它背後的概念幾乎和人類歷史一樣久遠。我們可以將莫非定律想成巨數法則的一個特例，表達爲「如果某事可能發生，它就會發生」，也可以想成熱力學第二定律（封閉系統的紊亂度會不斷增加）的變形。

莫非定律還有一個更極端的版本，有時稱爲**索德定律**（Sod's law），簡單說，就是最壞的可能情況**永遠會**發生。例如趕時間時一定會遇到紅燈，或是正要寄出重要電郵時，系統就當機，更嚴重的像是貝多芬這樣的作曲家失去了聽力，或是威豹（Def Leppard）合唱團鼓手瑞克・艾倫（Rick Allen）因為車禍失去了一條手臂。但只要想到巨數法則，就應該預期這類事件遲早會發生。只要想到選擇法則，就會明白我們比較容易想起這種事。

事後回顧永遠天衣無縫：後見之明

時間只朝一個方向移動，從未來奔向過去。未來有如一片混沌大海，在不同的可能性之間翻騰攪動，某件事看來很可能發生，隨即被另一件看來更可能發生的事情所取代，就這樣不停地更迭轉換。現在則有如微風，被它吹過的事件紛紛變為現實，凝結固著，成為僵化的過去，再也不會改變。

我們可以回溯過去如何成為現在的軌跡，藉此嘗試預測未來。但直到未來成為過去之前，我們永遠無法確定未來會是如何，永遠可能半路殺出意料之外的事，將我們的預測徹底推翻。不過，**未來一旦成為過去**，回溯一路走來的軌跡就變得很容易。這就是後見之明偏誤的由來。

相關事件愈是錯綜複雜，就愈難預測未來。之前提過九一一攻擊事件，**事後回顧**，不難看出各種因素如何一步步導向最後的悲劇，但**事發前**，有太多其他事件攪纏在一起，根本無法看出事件的軌跡。

李奧納德．曼羅迪諾（Leonard Mlodinow）寫過一本很出色的作品《醉漢走路》（*The Drunkard's Walk*），他在書中舉了一九四一年的珍珠港事件爲例，指出**事後看來**，當時有一連串跡象清楚顯示日本打算偷襲美軍，[12]包括美國截獲一名日本間諜收到的訊息，要求他提供珍珠港的美軍戰艦停泊情報，還有日本一個月內兩度更改呼叫信號，而不是一如往常每半年才更改一次，以及日本政府要求外交官銷毀暗號和密碼，並燒毀機密文件等。事後回顧，將這些事件從當時錯綜複雜的事件網絡中抽離出來，你可能會想，白痴才看不出來其中有鬼。然而就像之前說的，事後回顧永遠天衣無縫，但在事發當時，這些事件可是夾雜在千絲萬縷的事件和發展當中，根本不可能將它們揀選出來，認爲這些事件彼此相關，預測風暴就要來襲。後見之明總是最完美的。

政府官員事前信心滿滿地做出預測，但**事後**證明錯得離譜的例子很多，底下列舉幾個：

- 「除了熱氣球，我對其他飛行方式都不抱希望。」（經常改寫爲：「比空氣重的飛行器是飛不起來的。」）——一八九六年，倫敦皇家學會會長凱爾文爵士（Lord Kelvin）

- 「傳染病就要從世上絕跡了。」——一九六九年，美國公共衛生署長威廉・史都華（William H. Stewart）
- 「誰會想聽演員說話？」——一九二七年，華納兄弟娛樂公司創辦人哈利・華納（H. M. Warner）
- 「吉他樂團大勢已去了。」——一九六二年，德卡唱片公司（Decca Recording Co.）拒絕披頭四合唱團時的說法
- 「iPhone不可能在市場大行其道。」——二〇〇七年，微軟執行長史帝夫・鮑爾默（Steve Ballmer）

二〇〇八年十一月，英國女王造訪倫敦政經學院時曾經問道，爲什麼沒有人看出信用緊縮即將到來，引發了許多討論。英國國家學術院（The British Academy）解釋，當時**其實有**不少人預見了危機。但這些人沒有預見也無法預測的是，危機到底會以何種形態出現，又會在何時發生。其實，我也可以說我早就料到會有信用危機，但我的遠見並不深刻，只是簡單的觀察所得：消費者的信用卡信貸已經數十年呈指數成長，不可能無限制地增加。但我不曉得事情會如何發展。

歷史學家卡爾（E. H. Carr）曾經提到他自己犯下的後見之明偏誤和選擇偏誤。他說：

「許多年前，我在這所大學攻讀古代史，研究過一個很特殊的主題：波斯戰爭時的希臘。我家裡蒐集了十五到二十本書，心想關於這個主題的所有史實一定都被我蒐羅來了。假設（這項假設非常接近事實）這些書眞的包含了截至當時關於該時期史實的所有資料，我卻從沒想到要深究，是經過怎麼樣的意外或自然刪減過程，讓曾經發生的所有龐雜事實得到篩選，去蕪存菁，成爲留存到我們手中的史實。」[13]

我們在這一章，從不大可能法則的物理面轉向了心理面，從宇宙運行的必然法則轉向我們觀看世界的角度。這兩個面向經常互動，進而加強了不大可能法則，讓它更具威力。

10 從機運的角度看生命、宇宙和萬物

機運到底爲我們做過什麼？

——英國哲學家威廉·培利（William Paley）

生命與偶然：颶風掃過垃圾場，組出了一架波音七四七

人類是非常複雜的有機體，每個人體含有大約10^{27}個分子。但就算你取得這些分子，將它們放進爐子裡搖晃，會正好排列組合成人體的機率也是微乎其微，屬於波萊爾定義下的超宇宙尺度事件，可以直接忽略，視爲不會發生。波萊爾定律就是這麼說的。

英國演化生物學家理查·道金斯（Richard Dawkins）曾經計算這個機率，但不是整個人體，而是計算其中一小部分：一個酶分子。他計算這樣一個分子「隨機自然形成」的機率：「現有的胺基酸種類是固定的，就二十種。而酶基本上是這二十種胺基酸的組合，每一個酶

分子包含數百個胺基酸。簡單計算就能得出，若要隨機生成一個帶有一百個胺基酸的酶，機率是20×20×20…乘一百次分之一，也就是1/20^{100}。二十的一百次方是非常大的數字，比全宇宙的基本粒子總數還多……錢德拉．維克拉瑪辛赫（Chandra Wickramasinghe）教授……曾經引用天文學家佛雷德．霍伊爾爵士（Sir Fred Hoyle）的話，說『隨機』自然生成一個酶的機率，就跟颶風掃過垃圾場結果組出一架波音七四七的機率一樣低。」[1]

霍伊爾的比喻不但生動，而且切中要點。胺基酸隨機排列組合成酶的機率，小到不可能發生。然而，現實世界中不但有酶，連人體也存在，感覺一定有不大可能法則在作用。但在我們下定論之前，先考慮另一個可能的解釋。

當我們環顧周遭世界，很容易見到各種複雜的結構，如房子、飛機、車、電腦和電視等。這些東西顯然不是偶然存在，而是由人**設計**和**製造**出來的。

十八世紀英國哲學家威廉．培利（於一八〇五年過世），正是使用這個類比來佐證生物體必然是受造者，有一個創造者存在。他在《自然神學》（*Natural Theology*）中開宗明義表示：「假設我走過荒原踢到一塊石頭，心想石頭是打哪來的，我可能會回答，就我能力所知，它一直都在這裡。你很難辯稱這個答案是荒謬的。但假設我在地上見到一只錶，有人問我它怎麼會在這裡，我很難搬出同樣的答案，說就我所知，手錶可能一直在那裡……那只手錶必然是某時某地有某位或某些工匠爲了某種目的而製造的。他們瞭解那只錶的結構，並設計了它的用途。」[2]

這個創造論證有一個難題，就是它什麼都能解釋。第二章談到奇蹟時提過這一點。無論舉出什麼證據，這個「它就是這樣／是某人放的」論證永遠無法被駁倒。另外還有一個麻煩，就是誰創造了創造者。創造的源頭在哪裡？又是怎麼開始的？創造論證沒有提出解釋，反而更像在迴避問題。

不僅如此，需要解釋的不只是人類，也不只是複雜的生命形態，即使是化石也需要解釋。人類發現動物的化石遺體埋在岩石裡，而那些動物已經從這個世界絕跡了。這些遺跡顯然是飛龍或其他怪獸傳說的來源。但仔細研究這些遺跡，將化石形狀和生存年代（從化石所在的地層即可判斷）相比對，就會發現其中的模式。這些化石似乎存在著一種發展過程，不同生物生存於不同時代，物種內部也隨著時間不斷改變。簡單舉一個例子，幾百萬年前還沒有人類化石存在，卻有不少形態近似人類的生物化石。這些現象都需要解釋。

科學雖然無法找到絕對眞理，卻能提供一套尋求解釋的策略。的確，有人就說，絕對眞理只能在純數學或宗教裡尋找，無法在科學裡發現。純數學能產生絕對眞理，因爲它不過是依據一套規則，從一組公設中演繹出來的結果。換句話說，純數學的宇宙是自己定義的，因此當然句句都是絕對眞理。而宗教作爲信仰的表達，其實就是陳述對某個絕對眞理的信念。

相較之下，科學完全是機率的學問。我們提出理論、猜想、假設和解釋，接著蒐集證據及數據，再用得到的新證據來檢驗理論。如果數據和理論不合，我們就修正理論。科學就這樣逐步進展，讓我們的理解愈來愈多。然而，現實世界永遠可能出現新的證據，和現有理論相牴觸。科學的結論是會改變的，科學的眞理並非絕對，這就是科學的本質。有一句話精彩捕捉到了其中的精髓，據說是知名經濟學家凱因斯說的。有人批評凱因斯，一九三〇年代大蕭條時期改變了他的貨幣政策立場，凱因斯答道：「事實改變，我的想法就跟著改變。那先生您呢？」

當新事實不斷累積，不大可能法則下的各項法則，能幫助我們判斷何時應該改變看法，決定舊的理論再也無法完整解釋新的事實。下一章將介紹如何應用不大可能法則，但現在先來詳細討論兩個例子。

理論必須隨著新證據出現而修改，演化論就是最好的例子。達爾文一八五九年出版《物種源始》、提出天擇說時，知名物理學家凱爾文爵士並不以爲然，指出演化需要太陽燃燒數百萬年，但「事實」是太陽無法供應這麼多能量。以當時的知識而言，這的確是「事實」，因爲人類尚未發現核能反應，只能假設太陽的能量來自化學反應。但當核能爲人所知後，太陽持續燃燒數十億年就不再是難題了，足以讓地球演化出生命和人類。事實改變，理論就得跟著調整以符應事實。順帶一提，要是知識出現的順序顚倒過來，就會變成達爾文指出凱爾文爵士算錯了太陽的年紀，因爲依據演化的**事實**必然會導出一個結論，也就是太陽比凱爾文爵士推算的更老。

小步前進和數十億年：演化就是不大可能法則在運作

想像你蒙著眼睛，站在圓錐狀山谷的山壁上。你想爬到山頂，但不知道該往哪個方向爬。

你有幾種作法。你可以請人帶你到山頂上，這就是「創造者」理論。但這麼做根本不算方法，因為它不僅預設了他人存在，預設那人知道山頂的位置及如何登頂，還會引來「誰創造了創造者」的問題。

第二個作法是隨意朝任何方向跳躍前進，希望最後能到山頂。這個方法就像是分子隨機排列組合碰巧形成人體一樣，也許眞的會成功，但要非常久！

第三個作法有一點複雜，就是隨意朝某方向邁出一步，但留意自己所在的高度有沒有增加。如果有，你就走那一步，如果沒有，就換一個方向。邁出一步後，就重複之前的步驟，隨意朝某方向伸腳往前，看自己的位置有沒有變高，如此反覆執行。

這個作法能讓你慢慢朝山頂接近。雖然會繞路，不是直線前進，每一步都非常小步，卻能讓你爬高一點點。這些隨機的步伐甚至可能帶你繞圈子，但每一步都會讓你攀高一些些。

數學家將這個過程稱爲**隨機最佳化**（stochastic optimization）。隨機是因爲每一步方向都是隨機選取的，最佳化則是因爲你會愈來愈接近目標。這套策略有許多形式，數學家經常用來計算函數的最大值與最小值。

這裡有不大可能法則的兩個要素在作用。首先是巨數法則。你邁出的步伐雖然很小，頂多兩英尺，而山頂很高，或許有幾千英尺（根據當地商會紀錄，美國奧克拉荷馬州波多市近郊的卡瓦納山是全球最高的丘陵，標高一九九九英尺），而且你的前進方向是隨機的，雖然每一步都讓你攀高一點，但可能只有幾英寸、甚至幾分之一英寸。然而，**將所有步伐加在一起**，每一步都讓你更往上一點，最後一定能到達山頂。

造成這個必然結果的另一個要素是選擇法則。你會先試探才踏出一步，排除掉不會提升高度的走法，也就是你只**選擇**讓你往上走的步伐，每一步的狀態都比之前好一點，因此下一步必然站在更好的起始點上。

這個逐步接近山頂的策略有三大部分：

- 每一步的方向都是隨機選取的。
- 要走非常多步。
- 只選擇能夠提升高度的步伐，即使爬升很少也無妨，這樣下一步的起點就會比之前高。

其中第二和第三部分是不大可能法則的應用，第二部分是巨數法則，第三部分是選擇法則。

就是這三個部分推動著演化，讓生命和人類出現在這個世界上。想瞭解這點，不妨來看一個例子。

某種昆蟲每年春天會大量繁殖，於是女王蟲便會隨意選擇一個方向、一個地點另築新巢。到了冬天，某些新巢會抵擋不了寒冷而覆亡，其餘則由於地點較為溫暖，可能更靠近赤道，使得昆蟲比較有機會存活。活著的昆蟲隔年繁衍後代，於是整個族群開始慢慢移往更溫暖、更適合生存的地區。

在這個過程中，隨機的痕跡隨處可見，每個階段都能看到女王蟲隨機選擇築巢地點的影響。選擇法則也有作用：有些昆蟲的落腳處恰巧比較好，更適合存活和翌年繁衍後代，於是牠們的後代一出生就活在比較溫暖的地方。此外，我們還發現，需要非常多世代才會出現明顯的改變。

從狗的育種也能看到不大可能法則在演化中的作用。狗的品種非常多，但起初並非如此。許多品種都是人類挑選某些特質討喜的狗，經過漫長時間配對繁衍而來。有些後代具有這些特質，有些沒有，具有這些特質的後代才可以繁衍下一代。重複這個過程許多次，最後就產生我們現在所見到的品種。這個過程本質是隨機的，因爲無法預測兩隻狗配對會生出什麼樣的後代。育種時，負責選擇的是育狗師，由他決定哪些後代可以繼續繁衍下一代。但在自然中，外在環境將決定哪些後代可以存活並繁衍下一代。

巨觀而言，我們可能覺得氣候改變會影響演化，科學家也確實觀察到氣候造成物種的改變。英國國家環境研究委員會生態水文中心（National Environment Research Council Centre for Ecology and Hydrology）的提姆．史帕克斯（Tim Sparks）指出：「這幾年，英國南部某處出現遷徙性鱗翅目（蛾與蝶）的數目一直穩定攀升，和西南歐溫度上升關係密切。」[3]

還有一個較少人提起的例子，就是義大利壁蜥。一九七一年，十隻壁蜥來到波德馬拉魯島（Pod Mraru）上。這種壁蜥原本主要以昆蟲爲食，但到了新棲地開始增加草食數量。如今，這座島上的壁蜥頭部較大，下顎變強，腸道結構也改變了，更適合草食生活。

澳洲海蟾蜍的演化就優雅多了。海蟾蜍不是澳洲的原生種，而是農人從夏威夷引進的，用來捕食破壞甘蔗的甲蟲。不幸的是，海蟾蜍開始大量繁殖，對當地生態造成巨大影響。牠們從最初進入澳洲的地點開始，有如海浪般年年向外擴散，而站在浪潮前端的自然是移動最迅速的海蟾蜍。結果，擴散潮前端的後代一代比一代更活躍、更敏捷，使得擴散速度愈來愈快。這就是演化的自然結果。

演化需要許多世代，但某些生物的繁殖週期很短，例如細菌。事實上，細菌的繁殖週期短到在實驗室就能觀察它們的演化。一九八八年起，美國生物學家理查德・連斯基（Richard Lenski）觀察了五萬個世代的大腸桿菌繁殖，研究大腸桿菌的基因組成如何演化。五萬已經足以讓巨數法則生效了。

動物學家馬克・李德利（Mark Ridley）從另一個角度來觀察演化過程。他的重點不是物種隨著時間演化，而是地理位置如何揀選差異細微的特質。他寫道：「觀察黑脊鷗從大不列顛到北美的演化，我們會發現北美黑脊鷗雖然和英國略有不同，但還是黑脊鷗。繼續往西到西伯利亞，黑脊鷗的外表也逐漸改變，看起來比較像英國這邊的小黑背鷗。從西伯利亞橫越俄國來到北歐，黑脊鷗的外表愈來愈像英國小黑背鷗。最後在歐洲，循環完成了，兩個極端的地理形態在此交會，形成了兩個完整的物種，也就是黑脊鷗和小黑背鷗。兩者不僅外表明顯有異，也無法雜交。」[4]

對於演化的基本過程，達爾文總結得很好：「若有機體出現有益的變異，擁有該變異的個體將最可能存活。同時依據遺傳強勢原理，這些個體可能產下具有相同變異的後代。爲了便於表達，我將這個變異保存原理稱爲『天擇』。」[5]

天擇的概念非常簡潔、優雅又有力，是巨數法則和選擇法則共同作用的結果。

人類和地球一點也不獨特？——哥白尼原則和平庸原理

那麼世界上最不可能的事，也就是宇宙的誕生及生命的出現，這兩者又爲何會發生呢？由於機率實在太低，因此有人主張唯一的解釋就是：宇宙是具有意識的超越個體或神所創造的。但這個主張只是迴避問題，並沒有眞正解決它。

之前說過，科學講求**證據**。我們四下觀察，測量物體的性質，研究物體性質之間的關係，並尋求解釋。科學研究有一個基本原則，稱爲**簡約原則**（principle of parsimony）或**奧坎剃刀**（Occam's razor），大意是如果某個現象有簡單和複雜的解釋，我們應該選擇簡單的。哥白尼認爲，要解釋我們觀察到的行星運行，地球和其他行星繞日運轉的理論，比太陽繞地運轉的舊理論還有力，因爲舊理論需要很複雜的多層修正（稱爲本輪），他的**地動說**卻只要行星以橢圓軌道運行即可。

哥白尼將地球請下寶座，不再是太陽系的中心，因而引發了一場革命。接下來的天文發現，證實了銀河系擁有數千億顆恆星，太陽只是其中一顆普通的恆星，而銀河系又是宇宙無數星系中的一個而已。哥白尼說地球在太陽系中一點也不特別，而**哥白尼原則**推得更廣，認爲地球在宇宙中也微不足道。可以說，哥白尼將人類打回了凡間。

不僅如此，哥白尼掀起的這場革命，遠不只撼動了**空間的**疆界，更延伸到了**平庸原理**

（principle of mediocrity）。不僅地球（因此也包含人類）並非宇宙的中心，**連人類處境的其他方面也毫無特別之處**。例如我們不是特權階級，受另一套物理定律管轄，物理定律適用於宇宙裡的所有物體（我必須指出一點，地球表面的狀況，顯然跟星際空間或恆星中心的狀況非常不同，但平庸原理不講小範圍的狀況，而是背後的物理定律，是更高階的「哥白尼原則」）。物理學家維克多．史丹哲（Victor Stenger）進一步延伸了這個概念，提出所謂的**觀點不變性**（point-of-view invariance）：物理學模型如果要代表客觀實相，就不能涉及觀察者的視角。[6]從這一點出發，史丹哲證明了：「我們所知的基礎物理知識，都直接源自這個觀點不變性原理。」

哥白尼原則是觀察而得的事實。只要看著太陽和其他行星，就會發現行星繞著太陽運轉是最簡單的解釋。但從哥白尼原則推到平庸定律，接受人的地位一點也不特別、處境也很普通，對你而言可能跳得太遠。不過請你想想：如果我們對眼前的一切缺乏更多資訊或證據，就只能假設這一切其實很常見，因此也很普通。假設我收藏的幾千個骰子都很普通，只有兩個灌鉛（事實也是如此），那當你隨機挑一個骰子時，你覺得挑中普通骰子的機率高？還是灌了鉛的骰子機率高？

基本上，我們是在爲兩種可能性（人類的條件是普通的或特別的？你挑到的是灌鉛的或正常的骰子？）標上機率，也就是我們主觀的「相信程度」。爲事件標上機率的規則，我們稱爲**不充分理由法則**（principle of insufficient reason）或**無差別原理**（principle of indifference）。既然沒有理由假設你會拿到某個特定的骰子，就應該假定幾千枚骰子被抽到的機會相等，因此你抽到普通骰子的機率將遠超過灌鉛的骰子。

同理，我們最好假定地球上觀察到的物理定律適用於全宇宙，而不是只適用於地球。這不是證明，也不是觀察所得的事實，而是基於機率和不充分理由法則的推論。因此我們從地球不是太陽系的中心開始，推論出我們依循的物理法則也不特別，並非專屬於地球。但事情還沒完呢。

微調與平衡：四種自然界的基本常數

基本常數（fundamental constant）是物理學的根基，描述宇宙的基本性質，例如光速和量子力學裡非常關鍵的普朗克常數，以及萬有引力常數、電子電量和電子質子質量比等等。

研究物理定律會發現，這些基本常數之間的關係必須**恰巧如此**，或至少非常接近事實，恆星、行星和人類才會存在。這就是**微調論證**（fine-tuning argument）。進一步引用不充分理由法則，將導出一個結論：讓人類得以存在的這些數值許可範圍很小，出現機率非常低，因爲這些常數大可以是其他數值，可能性非常多。機率這麼低的事件都發生了，當然需要解釋，就像抽到那兩個灌鉛骰子之中的一個一樣。先驗上，這種事極不可能發生，因此自然會尋求解釋。

不少人提出各種解釋，創造論也是其中之一。但之前說過，不大可能法則下的各項要素經常以出人意料的方式影響機率，因此乍看非常不可能的結果，其實很有可能發生。在說明不大可能法則下的原理是如何發生作用之前，讓我們先來看看四個自然界的基本常數。

首先是**強作用力**（strong nuclear force），也就是將質子和中子鎖在原子核內的作用力。這個力量只要再強百分之二，由兩個質子形成的原子核就會非常穩定。換句話說，恆星內的核反應會讓氫變成「雙質子」，而非重氫或氦。如此一來，恆星的行爲就會改變。由於恆星釋放的能量（至少我們的太陽）是地球上所有生命的原動力，增加百分之二的作用力將使生物無法生存。

第二個例子是**宇宙微波背景輻射**（cosmic microwave background radiation）。宇宙最初非常炙熱，而且密度極高，濃稠得連電磁波和光子都無法自由運動。但到了第四十萬年，宇宙已經膨脹和冷卻了不少，降到絕對溫度三千度左右，使得質子和電子可以合成爲中性的氫原子。宇宙膨脹降低了粒子湯的濃度，使得輻射可以自由穿梭。我們現在仍能觀察到這個頻率爲微波的輻射（當然需要恰當的偵測器），而且從一九九〇年代初期開始，已經能夠記錄輻射強度的變化。這個輻射的強度變化很小，數量級爲十萬分之一，科學家認爲源自於宇宙擴張初期（稱為**暴脹期**）的量子漲落。不過變化雖小，卻非常重要，因為只要稍微變大，物質就會更加集中，導致許多恆星碰撞。只要稍微變小，物質匯聚成恆星或行星的速度就會減緩。無論哪一種情形，宇宙都會和現在非常不同。

第三個例子是電子質子質量比：1.00137841917。[7]只要稍微小一點，宇宙裡的氦含量就會巨幅增加，使得恆星燃燒太快，無法演化出生命。若是稍微變大，原子就無法形成。如此一來，物質以及我們現在所知的恆星、行星和生命，根本都不會存在。

第四個例子是兩個基本力的比值：電磁力和重力。恆星的平衡是由這兩種力量維持住的。重力會將恆星互相拉近，核反應產生的輻射則會將恆星拉開。這個平衡必須能讓元素在恆星內形成，但又能讓恆星之後爆炸成超新星，將這些較重的元素散播到宇宙各處，之後再凝聚成行星和有機體。要是電磁力對重力的比值稍大一點，行星就無法形成；稍小一點，超新星就比較難形成。精確的平衡至關重大。

如果某個數值需要「微調」，必須限制在一個極小的範圍之內，那它顯然不能因為選擇的度量單位而改變。以真空中的光速為例，它能以每秒幾英里表示，也能用每秒幾公里或其他單位表示。光速以英里計算是每秒186,282.397英里，以公里計算是每秒299,792.458公里，以光年計算是每年一光年（這正是光年的定義：光行走一年的距離）。事實上，隨便挑選一個數字，你都有辦法設定長度和時間的單位，讓光速等於那個數字。因此，光速本身是難以微調的。

然而，不僅某些基本常數是無因次（dimensionless）的，某些基本常數間的關係也是如此。無論選擇什麼度量單位，其數值都不會變，譬如使用同度量單位測量的兩個性質的比例。無論以公克、公斤或盎司爲單位，中子質量和質子質量的比值都是1.00137841917，不會改變，就像我不論以英寸或公分爲單位，我母親的身高都是我父親身高的百分之八十。第四個例子中的電磁力和重力的比值也是無因次的，因爲分子和分母都是力，單位永遠相同。

讓我用另一個例子做對照。我朋友的身高和體重相等，體重一百七十磅，身高一百七十公分。你一眼就能看出，只要單位一改變，這個「關係」就會跟著改變，因爲重量和高度的度量單位不同。事實上，將長度單位從公分改爲英寸，我朋友的身高就「只剩」六十七英寸（但體重仍是一百七十磅）。170＝170算不上「微調」，因爲這個關係完全取決於我們所選擇的單位。如果某個敘述想表達某個宇宙的基本性質，就不能因單位而變。換句話說，一旦某個無因次常數值改變了，基礎物理和宇宙的性質也會跟著不同。

宇宙差一點就不存在？——機率槓桿法則

絕大多數的微調論證都有一個弱點，就是一次只針對一個常數。因此只要改變其中一個常數，**其他維持不變**，就能產生非常多既無法形成恆星、也沒有足夠時間演化出生物的宇宙。然而，要是我們同時改變兩個或兩個以上的常數呢？讓我們回到電磁力和重力的例子。恆星內的電磁力和重力必須維持微調平衡，才能創造出一個均衡狀態，進而促成行星和生命。之前說過，只要改變其中一個自然力，宇宙就不適合生命存在。但要是兩個常數同時改變呢？要是我們稍微增強電磁力，讓它和重力的比例維持不變呢？只要做到這一點，維持恆星內的均衡狀態，或許行星依然會形成，生命仍舊會出現。這確實是微調，但更著重哪一對數值能讓生命出現，而非兩個力量各自該爲多少。只是模型稍微改變，允許一個以上的數值改變，就能增加類似我們宇宙的宇宙出現的機率。這就是機率槓桿法則。

我們可以推想得更遠一點。要是基本常數彼此**相關**，**不可能**改動其一而不牽動其他常數呢？我們可以假設有兩個常數，數值都在零與一之間。假設這兩個常數在我們的宇宙中都是○．五，而且只要其中一個的改動幅度小於○．○一，恆星和行星都還能形成，並維持到生命出現。但只要大於○．○一，恆星就不會存在。現在假設這兩個常數是相關的，改動其中一個，一定會改變另一個，就像增加時速會減少旅行時間一樣。而且兩個常數不需要都是○．五或接近○．五，才能讓現有的宇宙存在，只要兩者數值**非常接近**即可。例如其中一個常數爲○．二，只要另一個常數接近○．二，宇宙就能生成。而依據我們的假設，當其中一個常數**確實為**○．二，另一個常數**必然**接近○．二。如此一來，要得到一組能讓宇宙存在的數值的機率就高多了。

在這個例子裡，機率槓桿法則的作用方式和莎莉・克拉克案很類似。克拉克案假設兩起事件（兩名嬰兒都是猝死的）是不相關的，使得兩者同時發生的機率非常低。但當我們發現兩者其實相關，機率就不同了，連續兩起嬰兒猝死變得更可能發生。

物理學家和天文學家研究過這個可能。密西根理論物理中心（Michigan Center for Theoretical Physics）的佛瑞德・亞當斯（Fred C. Adams），改動了萬有引力常數、精細結構常數和核反應率常數的數值，發現這三個數值的所有可能組合當中，將近有**四分之一**的組合，仍然能生成足以產生核融合的恆星，跟我們現有的宇宙一樣。亞當斯做出結論：「和之前的看法不同，擁有恆星的宇宙並不稀罕。」[8]

我們的宇宙只是衆多宇宙之一：人擇原理與選擇法則

當代有些宇宙理論認爲，我們的宇宙可能只是衆多宇宙中的一個——所有宇宙的集合稱爲**多重宇宙**（multiverse）。這不是異想天開，而是有堅實的理論爲基礎，推論自量子理論和測不準原理，並且符合已知的宇宙膨脹方式。想充分瞭解這套理論需要深厚的數學知識，但其中一個蘊含的結論是，其他宇宙會有不同的基本常數。

讓我們用水結冰來類比。水分子本來隨機移動，不停地彼此碰撞，完全無法預測方向，使得液體的水看來均勻齊一，任何位置及方向都保持均等。現在讓水慢慢冷卻以至結凍。水凝固時，原本隨機分布的分子紛紛定住不動，冰晶開始形成。每個冰晶裡的水分子都對著同一方位，鏈結成方向固定的規則陣列。但隔壁冰晶裡的水分子可能方位不同，指著其他方向。物理定律也是如此。我們宇宙的基本常數就像「結晶」的水分子，以特定數值固定下來，但多重宇宙中的其他宇宙「結晶」方式可能不同，擁有不同的基本常數值。無論是冰晶方位或基本常數值，都只是隨機過程的結果，一點也不特殊。

所謂不特殊，意思是這個宇宙**除了**正好是我們**可以**存活的環境之外，別無其他獨特之處。如果基本常數值換了，使得恆星無法形成，那麼已知的生命也不會存在，也就沒有我們能在地球上觀察恆星了。這個自明之理是選擇法則的終極例證。由於它太基本，不但成為專門的研究對象，還有個名字，叫作**人擇原理**：「我們所觀察到的物理量和宇宙量並非能以任何數值存在，而是限制在能讓宇宙形成夠久、以使有機生命演化出現的範圍之內。」[9]

地球本身便是人擇原理的例子，雖然規模較小，但比較好懂。若地球稍微遠離或靠近太陽一些，就會過冷或過熱，無法演化出生命。若地球的磁場無法阻擋輻射進入生物圈，動植物就無法存活。若同溫層的臭氧無法阻擋紫外線，我們人類就不會存在，即使存在，也一定和現在不同。試想，我們的銀河系有五億顆恆星，而宇宙有數十億個星系。許多恆星都有行星，其中許多行星和地球完全不同（例如類似木星，爲氣體行星），其餘有些離恆星太遠或太近，或沒有磁場作爲保護等。那些行星不可能演化出生命，至少不可能演化出像我們一樣的生命。換句話說，那些行星上不會有人蒐集資料、觀察事實，然後說：「嘿，眞巧，我們的行星竟然擁有恰當的性質，所以才演化出生命。」

人擇原理其實很簡單，就是生命如果要演化到能觀察到生命，宇宙就必須具備允許生命演化的性質，也就是基本常數值。這個道理一點也不神奇。

人擇原理的後果充分顯示了選擇法則的威力，說明它不只是形上思辨。我們的宇宙大約一百四十億歲，人擇原理告訴我們**宇宙絕不可能低於這個年齡**，因爲我們是含碳的有機生物體。碳是由氦在恆星內部融合而成的。因此，人類要能存在，就需要有足夠的時間讓第一代恆星形成並且爆炸，以使碳和其他較重的元素散播到宇宙各處，之後再凝聚形成行星，讓有機生物得以演化。計算顯示，這個過程大約需要一百四十億年。只要宇宙低於這個年齡，就不會有我們存在並觀察到宇宙。

當然，要是有不含碳的生命形態，上面的論證就不適用。但對我們來說，宇宙至少需要存在一百四十億年。這是選擇法則的結果。

我提到的人擇原理，有時稱爲**弱人擇原理**（weak anthropic principle）。人擇原理還有其他版本，只不過證據薄弱得多。第一個版本是**強人擇原理**（strong anthropic principle）。該原理主張，宇宙**必然具備**生命得以演化存在的性質。第二個版本是**參與人擇原理**（participatory anthropic principle）。該原理主張「觀察者是宇宙形成的必要條件」。[10]第三個版本是**最終人擇原理**（final anthropic principle，美國科普作家馬丁．葛登能〔Martin Gardner〕稱之爲**極荒謬人擇原理**〔completely ridiculous anthropic principle〕，英文縮寫crap是垃圾的意思[11]）。該原理主張「智能訊息處理必然會在宇宙出現，並且出現後就永不絕滅」。[12]數學家約翰．巴羅（John Barrow）和法蘭克．提普勒（Frank Tipler）說：「我們必須再次警告讀者，最終人擇原理和強人擇原理都具有很強的臆測成分，因此無疑的不該視爲確立的物理法則。」的確，這些臆測性質強烈的人擇原理是有幾分道理，但我們也該有所保留。不過，即使有所保留，我們也不該否認弱人擇原理的力量，因爲它是選擇法則的終極展現。

11 不大可能法則使用指南

巧合是上帝匿名現身的方式。

——愛因斯坦（據稱是他所說）

莎士比亞十四行詩裡的祕密——可能性定律

我們已經討論過構成不大可能法則之下的幾個原理，瞭解到非常不可能的事件爲何其實很常見。這一章將從不大可能法則往外走，看它如何應用在科學、醫療、商業和其他領域。概念都是一樣的，只是名稱不同。

波萊爾定律說，（夠）不可能的事件就不用預期它會發生。但我們都看過這種事件**發生**，而且次數多到數不完。不大可能法則解釋了爲什麼。它說，這些事件之所以發生，是因爲我們沒想到一定會有**某事**發生（必然法則），或者由於我們嘗試了非常多的可能性（巨數法則），或是因爲我們在事後選擇要注意什麼（選擇法則），甚至是由於不大可能法則下其他法則的作用。不大可能法則告訴我們，我們覺得極不可能的事件之所以會發生，是因爲我們**搞錯了**。只要能找到錯在哪裡，不可能就會變爲可能。

爲了瞭解如何應用這個原理，讓我們暫時去掉現實世界中所有令人困惑的模稜兩可，從一個非常簡單的概念開始。我有一個布袋，裡面裝了一顆黑色彈珠和九十九萬九千九百九十九顆白彈珠（是的，這個布袋很大）。你伸手到布袋裡隨便抓一顆彈珠（無法選擇顏色），發現它是黑色的。

抽到黑彈珠的機率顯然很低，實際上就是一百萬分之一。你可能覺得這麼低的機率已經適用波萊爾定律了，所以不應該發生（你如果覺得一百萬分之一還不夠低，就想像布袋裡有一兆顆彈珠，甚至一萬兆顆，但只有一顆是黑的）。但不管波萊爾定律怎麼說，你就是抽到黑彈珠了。如同之前所言，這表示我們忽略了什麼，才會低估抽到黑彈珠的機率。例如我說謊，沒有告訴你布袋裡到底有幾顆黑彈珠。

請注意，上面的敘述並未明確指出布袋裡眞的只有一顆黑彈珠的機率，也沒有提到我說謊的機率，只提到你相信我的說法時抽到黑彈珠的機率。而機率這麼低的事件發生了，只會讓你懷疑我的說法。用科學語言來說，就是低機率事件發生，會讓我們的理論變得可疑。在這個例子中，我們的「理論」就是布袋裡眞的只有一顆黑彈珠。

美國五角大廈曾經宣稱，在第一次波灣戰爭中，「愛國者飛彈系統『成功擊落了八成以上』伊拉克射向沙烏地阿拉伯的飛毛腿飛彈。」保羅．納辛（Paul Nahin）在《對決白痴與其他機率難題》（*Duelling Idiots and Other Probability Puzzlers*）[1]中，討論了五角大廈的說法，提到麻省理工學院物理學家狄奧多．波斯妥（Theodcre Postol）的質疑。波斯妥看了幾支錄影帶發現，十四次愛國者飛彈系統發動的反擊中，十三次失誤，只有一次可能命中。於是他問，如果愛國者飛彈系統成功率確實爲八成，但十四次反擊只命中一次的機率又是怎麼回事？納辛表示計算並不困難，機率爲不到一億分之一。你可能覺得這個機率已經小到可以引用波萊爾定律，認定十四次反擊只命中一次的情況不應該發生。但它確實發生了，因此或許應該用不大可能法則來解釋；命中率八成的說法可能誇大了。我覺得如果以衡量可能性的角度，一邊是機率一億分之一，另一邊是機率大於一億分之一、但不曉得實際上是多少，大多數人應該會選擇後者（也就是命中率應該不是八成以上）。

第七章提到的金融危機背後也是同樣的思維。那幾個例子都是機率極小、按照波萊爾定律不該發生的事件，卻還是發生了。這一點讓我們覺得應該有其他的解釋，證明這些事件其實比我們所想的還要可能發生。那些例子讓我們看到統計分布的形態只要稍微改變，這些金融危機的出現率就會大幅提高，讓我們預期應該會發生。這又是在衡量可能性。

在上述所有例子裡，由於事件發生機率極低，使得我們會因波萊爾定律和不大可能法則而反省，思考自己是不是誤解或忽略了什麼狀況。但我們並沒有明說其他的解釋是什麼；有時我們確實會提出解釋。

再回到彈珠的例子。假設我（老實）跟你說我有兩個布袋，一個裡面有一百萬顆（或一兆顆）彈珠，只有一顆黑彈珠，其餘都是白彈珠；另一個布袋裡的彈珠數量相同，但只有一顆白彈珠，其餘都是黑彈珠。你伸手到其中一個布袋隨機抽出一顆彈珠，結果是黑的。問題來了：你覺得你選到的是只有一顆黑彈珠的布袋？還是有九十九萬九千九百九十九顆黑彈珠的布袋？

我想你應該會同意，既然第二個布袋抽到黑彈珠的機率高得多，因此你會選那個布袋。

底下是比較眞實的例子。

標準六面骰子相對兩面的點數總和爲七，也就是一的對面點數爲六，二的對面點數爲五，三的對面點數爲四。但在我收藏的骰子裡，有一些是點數刻錯的，例如該是一的那一面是六，使得骰子有兩個六點。由於相對的兩面不可能同時出現，因此骰子停在桌上時，完全看不出點數有沒有刻錯。正常骰子出現六點的機率是六分之一，但刻錯的骰子出現六點的機率是三分之一。技巧高明的骰子騙徒（俗稱骰子老千）會將這種骰子藏在手掌心隨時偷用，操縱輸贏的機率。接下來的例子就是在講這種不實骰子。

我們拿到一顆骰子，得知它可能正常或有誤，而我們的任務就是確定它到底正常，還是有問題。爲了判斷，我們會蒐集一些證據，也就是擲骰子的結果。

假設我們投擲骰子一百次，六點出現三十五次。正常骰子要擲出這個結果的機率是二十二萬分之一。機率很低，你可能覺得需要特別的解釋，例如骰子有問題之類的。

不過別急，先想想必然法則。擲骰子一定會出現**某個**結果，而且**各個結果**本身都可能機率很低（就每根草而言，高爾夫球落在它上頭的機率非常低）。

如果各個結果都極不可能，那麼不管出現什麼，我們都會覺得有問題。這似乎幫助不大。但我們有辦法解決，就是衡量在兩種解釋下——骰子正常或者有問題——出現該結果（投擲一百次骰子有三十五次出現六點）的可能性。

如果骰子是正常的，那剛才計算過投擲一百次出現三十五次六點的機率，大約是二十二萬分之一。如果骰子有問題（有兩面六點），那根據相同的計算公式，出現三十五次六點的機率大約是十三分之一。儘管依然不高，但絕對不像二十二萬分之一那麼低。因此，如果骰子有問題時出現三十五次六點的機率，是骰子正常時的一萬七千倍，你覺得骰子正常還是有問題？

比較甲解釋下某特定結果的出現機率，和乙解釋下同一結果的出現機率，是統計方法的基本原理。我們檢視數據，計算該數據在不同解釋下的出現機率，機率最高的那個解釋，即是我們最肯相信的解釋。統計學家稱之爲**可能性定律**（law of likelihood）：我們傾向相信最有

可能產生已知結果的那個解釋。

下面的例子告訴我們，如何利用可能性定律揪出抄襲者。有些文件很容易判斷有沒有抄襲。假設甲學生的報告和乙學生的報告一字不漏完全相同，那麼我們可以用可能性定律來評估以下兩個解釋：一、有抄襲行爲（不是甲抄襲乙或乙抄襲甲，就是兩人抄襲同一篇文章）；二、兩名學生恰巧寫出一模一樣的報告。我們通常會立刻選擇第一個解釋。但其他情形就沒這麼明顯了，例如數學表（對數表、平方根表或基本常數值）。無論哪家出版社計算和發行數學表，各家的數值都應該相同（例如二的平方根，每家出版社的數值應該都一樣），因此很難指控甲出版社純粹抄襲乙出版社的數值，而沒有重新計算。

除非乙出版社故意在表中加入零星的錯誤，稍微改動幾個數值，但不致影響實際計算，這時就不一樣了。要是我們在甲出版社的數字表中看到同樣的錯誤或改動，就可以引入不大可能法則。甲出版社湊巧出現和乙出版社完全相同的錯誤的機率應該非常低，因此我們需要另覓解釋，來說明兩家出版社爲何會犯下相同錯誤。一個可能的解釋是，甲出版社根本沒有自行計算，完全照抄乙出版社的數值。在這個解釋下，兩家出版社數值相同的機率便是一。因此依據可能性定律，我們將強烈認定有抄襲行爲（進而幫助乙出版社打贏官司，得到高額的損害賠償）。

一九六四年，《錢伯斯簡明六位數學表》（*Chambers's Shorter Six-Figure Mathematical*

Tables）便採用了這個防止抄襲的策略，其他出版品也有類似的作法，刻意虛構一些項目混入內容中，包括地圖（加入虛構的城鎮）、字典（加入虛構的單字）、電話簿（加入虛構的電話號碼）和樂譜（加入多餘的音符）等等。

比較某事件在甲解釋下的出現機率和在乙解釋下的出現機率，有時會產生意想不到的結果。莎士比亞迷都知道莎翁似乎很喜歡頭韻，也就是重複使用同一個子音的文學技巧。例如在《羅密歐與朱麗葉》（*Romeo and Juliet*）裡，就可以找到Her traces, of the smallest spider's web（莫古修，第一幕第四景）、a rose by any other name would smell as sweet（朱麗葉，第二幕第二景）、Life and those lips have long been separated（凱普萊特，第四幕第五景）和The sun for sorrow will not show his head（普林斯，第五幕第三景）等。然而，莎士比亞著作豐富，這些十四行詩裡的子音重複，會不會純屬巧合？

這表示我們對這些詩裡的頭韻有兩個可能的解釋：純屬巧合或人爲創作。行爲主義心理學家史基納曾使用上述方法分析過這兩個解釋，[2]希望估算出頭韻純屬巧合的機率爲何。如果機率很小，就表示很難用巧合來解釋，最好採納另一個頭韻出現率較高的解釋。

史基納計算了莎翁十四行詩句中相同子音出現的次數，發現得到的數字，跟假設頭韻出現純屬巧合時（**沒有**刻意爲之）同子音出現的次數相當接近。於是他做出結論，雖然頭韻確實有可能是莎士比亞特意所爲，但實際數據非常吻合巧合假說的預測值。因此，史基納表示：「莎士比亞也可能是從帽子裡挑出字來創作的。」[3]

福爾摩斯的機率名言——貝氏主義

在小說《四簽名》（*The Sign of the Four*）中，虛構的名偵探福爾摩斯說：「當你排除了所有不可能的選項，剩下的選項**就算再不可能**，也一定是對的。」[4]這句話很迷人，但在現實世界中，想判斷一件事可不可能其實很難（我很想說是不可能的）。一件事情除非邏輯上不可能（之前提過，只有純數學才屬於這個領域），否則永遠都有些許的可能。蒐集資料出錯，有可能是資料被曲解的緣故，所以事情只是**看起來**不可能：證據和理論不合，有可能是證據本身出錯。的確，在科學領域中，數據徹底跟理論不合的情況相對少見。畢竟科學進展必然常常碰撞事物的邊界，精確測量非常困難，充滿了不確定性。我們能做的往往只是討論其機率。

因此，福爾摩斯那句話若要說得務實一點，可能會是：「當你排除了所有較不可能的選項，無論剩下的選項爲何，都比較可能是對的。」我們必須權衡各個解釋的機率，但不是某解釋爲眞的情況下該結果出現的機率，而是解釋本身的機率。

第二章提到休謨時，就提過這個權衡各解釋機率的概念。休謨說：「任何證言都無法證明奇蹟，除非證言不成立這件事，比它要證明的奇蹟還要奇蹟。」[5]休謨顯然在權衡奇蹟發生的機率和其他解釋成立的機率，並指出如果有兩個可能的解釋，我們應該選擇機率較高的那一個。

聽起來很合理，但你可能會反駁：「解釋」不是對就是錯，怎麼會有機率可言？那人不是確實看到了奇蹟，就是沒有看到；要是沒看到，就一定有其他解釋，例如他撒謊。

然而，或許你還記得第三章曾經提到機率的「信心程度」詮釋，也就是以量化的信心指數來表達機率。依據這個詮釋，我們當然可以討論「解釋」的機率。當我們說某個解釋的機率很高，只不過表示我們非常相信它是對的。

將機率視爲信心程度，而非現實世界的客觀性質，並以這樣的角度來權衡各個解釋，就是所謂的**貝氏方法**。[6]

統計上顯著？——或許該選擇其他解釋

當一個觀察到的結果可能有兩種解釋時，可能性定律會權衡甲解釋爲眞時出現該結果的機率，和乙解釋爲眞時出現該結果的機率，並建議選擇使該結果更容易出現的那個解釋，用這本書的角度來說的話，就是不可能性較低的那個解釋。另一個作法是控制我們做出錯誤選擇的機率。

讓我們來看第一個例子。假設我們很不希望將公平的骰子看成問題骰子，畢竟錯誤指控某人作弊是很麻煩的。接著，我們假設誤判率一千分之一是最低標準，也就是反覆投擲那一枚骰子，一千次裡應該只有一次將它誤判爲問題骰子。

計算顯示，投擲一枚公平的骰子一百次，出現三十次以上六點的機率低於一千分之一（實際數字是1／1,478，相當於0.00068）。因此，如果一枚骰子是公平的，而我們連續投擲一百次，並宣稱只有當六點出現三十次以上才會說它有問題，那我們的誤判率就小於一千分之一。我們限制了將正常骰子誤判爲問題骰子的機率。

假設我們想進一步降低誤判爲問題骰子的頻率，那就可以調低機率，例如改爲一千萬分之一。我們或許覺得這個機率已經夠低，可以適用波萊爾定律，因此預期不會發生這樣的事。投擲一枚公平骰子一百次，出現三十九次以上六點的機率大約是一千萬分之一（實際數字是1／11,699,824）。因此，如果投擲某一枚骰子一百次，結果出現三十九次以上的六點，我們就能合理推論我們的假設是錯的。假如骰子是公平的，機率這麼小的事件就不應該發生，因此骰子不可能沒問題。

剛才，我們計算了公平骰子出現特定結果（投擲一百次出現六點三十次以上）的機率。我們也可以計算問題骰子出現同樣結果的機率。我們都知道如果骰子是正常的，出現六點的機率就是六分之一，有問題的骰子則是三分之一。因此假如骰子有問題，六點應該出現得更頻繁。已知連續投擲公平骰子一百次出現三十次以上六點的機率是0.00068，而問題骰子出現相同結果的機率則是0.79073。這給了我們一個判斷骰子有沒有問題的準則，並且得以控制誤判率：六點出現三十次以上就是問題骰子，不然就是沒問題。如果骰子沒問題，誤判它有問題的機率只有0.00068。如果骰子有問題，誤判它沒問題的機率就是1−0.79073，約為○．二。總之，無論骰子有沒有問題，我們的誤判率都不高，而且如果骰子其實沒問題，誤判率還特別低，正符合我們的需要。

用實驗結果（如投擲一百次出現六點三十次以上）檢驗理論時，若理論為眞，湊巧出現該結果的機率很低，那就叫**統計上顯著**（statistically significant）。機率愈低，理論的可疑度就愈高，當機率非常小時，我們就可以依據波萊爾定律駁斥這個理論。

至於「機率很低」是多少，要視情況而定。通常（如醫學或心理學）都設定在○．○五（即二十分之一）或○．○一（即百分之一）。就不大可能法則而言，這兩個數值都不算很小。不過，某些領域設定的最低值就小得多了。例如高能物理學觀察具有特定能量和質量的次原子粒子簇射，以尋找新粒子時，設定的顯著值就只有0.0000003。第七章曾經提到，金融圈經常將極小的機率稱為「n標準差」事件。粒子物理學也使用相同的詞彙，例如尋找希格斯玻色子的物理學家會說，某些觀察結果是五標準差事件。

因此，統計上顯著是一種機率，也就是出現比理論爲眞時的觀察結果更極端的數値的機率，可以顯示某結果是不是理論爲眞時可能出現的結果。統計上顯著也是一種指標，告訴我們應該引用不大可能法則，尋找其他解釋。

統計上顯著和實際上顯著（practical significance）並不一樣。某事件可能統計上顯著，讓理論的可信度降低，但不表示這有那麼重要。在藥物試驗中，兩種藥物效力間的微小差異可能在統計上非常顯著，表示我們可以認定效力確實存在，但差異可能小到在臨床上沒有意義，不會有人在意。

以上都很清楚簡單，但實際上可能很複雜，因爲會受不大可能法則的相關因素影響。還記得巨數原理嗎？只要某事有足夠數量的發生機會，它幾乎必然會發生。

在骰子的例子裡，我們只用一個實驗來測試骰子有沒有問題。但要是我們使用很多個實驗呢？想釐清這一點，就讓我們從兩個實驗開始。爲了簡單起見，讓我們假設兩個實驗是獨立的，第一個實驗的結果和第二個實驗的結果無關。第一個試驗可能是氣喘新療法是否優於現有的療法，第二個實驗可能是憂鬱症新療法是否優於其他療法。假設我們將誤判新療法優於現有療法的機率限制在二十分之一，也就是控制各項變數，使得試驗誤判新療法較優（但其實不然）的機率爲○・○五。憂鬱症療法的比較試驗也是如此，我們同樣將誤判新療法較優的機率限制爲○・○五。因此在兩種試驗中，當新療法沒有比較好時，我們都有九五%的機率會判斷正確。

但我們在進行**兩個**分開的試驗，一個針對氣喘，一個針對憂鬱症。使用第三章的概念，兩個試驗**都**正確判斷新療法不比原有療法有效的機率，會比單一試驗的正確判斷率還低，是兩個試驗正確率的乘積，也就是0.95×0.95＝0.9025。這是正確判斷兩個新療法**都不比**現有療法更好的機率。

如果兩個試驗都正確判斷新療法沒有比較好的機率是0.9025，那麼至少有一個試驗判斷正確的機率便是1－0.9025，也就是0.0975，將近〇．一。這樣一算，我們就會發現，**至少有一個**試驗誤判的機率，是將近任一個試驗單獨誤判的機率的兩倍。

以上是兩個試驗的狀況。但藥廠會測試大量藥物以尋找有效的產品，因此現在就來看看測試一千種療法的情形。讓我們同樣假設測試互相獨立，任一項試驗的結果都不會影響其他試驗，而療法無效卻誤判療法有效的機率仍然是〇．〇五。那麼跟兩個試驗的原理相同，正確判斷一千種新療法**都沒有**比較好的機率，就是所有個別正確率的乘積，也就是〇．九五自乘一千次，$0.95^{1,000}＝5.29×10^{-23}$，約等於$1／2×10^{22}$，機率非常小。

由於正確判斷一千種新療法都沒有比較好的機率非常小，因此**誤判**至少有一種新療法比較好（但其實不然）的機率，便**非常之高**（$1－5.29×10^{-23}$），幾乎必然會發生。

現在我們可以瞭解第五章提到的掃描統計和旁視效應的困難所在了。檢視大量機率值

（可能遠超過一千個）時，經常會遇到這類問題。例如，研究疾病群聚的衆多可能地點時，即使沒有任何地點風險升高，我們還是很可能看到至少一個試驗出現統計上顯著的結果。也就是說，根據巨數法則，就算沒有背後的原因，也幾乎一定會出現《赫芬頓郵報》提到的那種疾病群聚現象。

我們躲不開這個問題，因爲它是不大可能法則的結果，但我們也許能減輕它的影響。其中一個方法就是大幅降低誤判率的設定値。以上面的例子來說，我們可以事後修正，將誤判率的標準改爲一萬分之一（0.0001），而非〇．〇五，只要不達這個標準就不說新療法比較好。如果在雙試驗的例子裡改成這麼做，誤判至少有一種新療法比舊療法更好的機率將約爲0.0002。雖然是0.0001的兩倍，但還是極不可能，可以讓我們鬆一口氣。然而，當試驗數目高達一千時，就算改變標準，誤判至少有一種療法更好的機率也將有0.095。雖然不夠低，但十分之一的機率至少比**幾乎肯定**會誤判一次要來得好。

另一個化解之道是改變問題。我們之前問的是，在沒有新療法比舊療法更有效的情況下，誤判至少一種新療法比較好的機率。但我們可以改問：在所有被判定比舊療法有效的新療法中，有多少比例確實比較有效？只要能限制這個比例，就會非常有用。

統計學家非常清楚這些問題，稱之爲**多重**（multiple testing）或**多重性**問題（multiplicity problem）。這是目前熱門的研究科目，在不少領域極爲重要，例如生物資訊學（可能需要同時測驗數萬個基因，看是否受不同條件影響）和粒子物理學（第五章曾經提到，研究者檢視光譜上許多數值以尋找特定現象）等等。涉及大量機率值是巨數法則的結果：就算單一事件的發生機率極小，只要事件數量夠多，至少發生一次的機率就會變得非常高。

現在我們已經知道如何用機率權衡來評量與選擇不同的解釋了。如果某事看似非常不可能，那我們就有理由懷疑它，並且尋求其他解釋。這就是統計推論的基礎。

結語　見識不大可能法則的威力

偶然並不偶然。

——羅馬小說家佩托尼奧（Petronius）

不大可能法則跟愛因斯坦有名的$E=mc^2$不同，不是單一的方程式，而是涵納了許多彼此交織、纏繞和加強的法則，形成一條串連起事件與結果的繩索。其中主要的法則包括必然法則、巨數法則、選擇法則、機率槓桿法則和夠近法則。這些法則，任何一條都足以產生某些看似極不可能的事件，例如連續中樂透、金融崩盤或預知的夢。不過，當這些法則結合在一起、共同合作時，我們才能見識到它們眞正的威力。

必然法則指出一定會有事件發生，只要列出所有可能的結果，其中之一必然會發生。這個法則太過明顯，以至於常被人忽略，就像我們不會注意自己呼吸的空氣一樣。必然法則指出，就算每一個可能結果的發生機率很小，其中一個一定會發生，讓極不可能的事件成立。

巨數法則指出，只要機會夠多，再誇張的事情也可能會發生。只要投擲一把骰子的次數夠多，絕對會出現全部六點的情形。雖然單次投擲要出現全部六點的機率非常低，但只要投擲的次數夠多，就幾乎必然會出現。

選擇法則指出，只要**事後**再做選擇，想要得到多高的機率都沒問題。我最喜歡的例子是先射箭再畫靶，選擇法則在其中的作用昭然若揭，就是一定要讓箭命中靶心。不過，選擇的行爲有時並不明顯。當我選擇測驗表現好的學生時，可能沒有發現他們也是下次成績最有可能下滑的學生。

機率槓桿法則指出，條件的細微改變可能對機率產生巨大的影響。我們覺得地球是平的，但只要我們一直朝某個方向走，最後就會回到原地。地表的弧度很小，難以察覺，卻能造成顯著的後果。同理，機率槓桿法則可以扭曲機率，甚至大幅改變機率值。

夠近法則指出，只要足夠相近的事件就可以當成是相同的。沒有兩個測量值會等同到小數點後**無限位**；然而在現實世界中，測量值經常差距甚微，可以當成是相同的。比賽會不會有人同時抵達終點，其實要看碼表多精確而定。

將不大可能法則下的這些法則結合在一起，以下這些「驚人」事件就沒有那麼意外了：

• 二〇〇七年七月，英國漢普郡海靈島（Hayling Island）的鮑伯・古爾德（Bob Gould）

從梯子上摔下來跌斷了腿。你應該會同意那一定很痛，但不認爲有什麼稀奇的。然而，同一時間，他兒子奧利維（Oliver）翻牆時摔斷了腿，而且和他父親一樣都是跌斷左腿。古爾德先生說：「我們都笨手笨腳的。」[1]

- 美國伊利諾州自由港（Freeport）的瑪莉·沃佛德（Mary Wohlford）絕對不會忘記女兒的生日，因爲她頭四個女兒都是八月三日生的，分別是一九四九年出生的康妮，一九五一年的珊卓拉、一九五二年的安和一九五四年的蘇珊。[2]
- 如果你想度假，或許應該查查卡恩斯－羅倫茲（Jason and Jenny Cairns-Lawrence）夫婦的旅遊計畫，避開他們要去的地方。二〇〇一年九月十一日恐怖分子劫持飛機衝入世貿大樓時，他們人在紐約。二〇〇五年七月七日，恐怖分子用炸彈攻擊地鐵時，他們人在倫敦。二〇〇八年十一月，恐怖分子發動攻擊時，他們人在孟買。[3]
- 律師約翰·伍茲（John Woods）和卡恩斯－羅倫茲夫婦一定很有話聊。一九八八年十二月二十一日，他取消了泛美航空一〇三號班機上的座位，因爲同事說服他參加辦公室的派對。結果那架班機在洛克比（Lockerbie）上空爆炸了。一九九三年二月二十六日，他在世貿大樓的三十九樓工作時，大樓底下發生汽車炸彈攻擊。二〇〇一年九月十一日，他才剛離開辦公室，飛機就衝進世貿大樓了。[4]

- 二○一○年，南非藝術家蕾茵・卡洛辛（Raine Carosin）在電腦上玩拼字遊戲，沒想到竟然抽到自己的姓。[5]
- 一九九六年，瑞典摩拉市的蕾娜・費爾森（Lena Påhlsson）弄丟了結婚戒指。十六年後，她在自家院子裡拔了一根紅蘿蔔，赫然發現她的鑲鑽白金戒指就套在蘿蔔上。[6]

這些事件一點都不令人意外，因爲它們都是不大可能法則發揮作用的結果。

附錄一　懾人的大與驚人的小

本書的核心概念是極小的機率和極低的或然率。講到機率，不妨把它想成我們認爲某事發生的頻繁程度。例如，我投擲一枚標準的六面骰子，出現五點的機率是六分之一，也就是一比六。投擲一枚公平硬幣出現正面的機率是二分之一，也就是一比二。同理，如果某事件機率是一百萬分之一，就表示它有一百萬分之一的機會發生，只是非常多個可能結果裡的一個。因此，爲了描述非常小的機率，我們需要一種方式來表達非常大的數字。事實上，我們必須表達的數字有時**大到讓人無法想像**。

幸好我們有一種標準方式可以表達極大的量值，你可能早就知道：

數值 x 自乘 n 次時，乘積就以 x^n **表示。**

例如，二自乘三次是$2 \times 2 \times 2$，我們以符號2^3表示（當然，這個值是八）。同樣的道理，二自乘二十次是$2 \times 2 \times 2 \times \ldots \times 2$，以符號$2^{20}$表示。只要使用計算機就會算出$2^{20}=1{,}048{,}576$，也就是一百萬出頭。

其他數字也是如此，所以——

$100 = 10 \times 10 = 10^2$

$1{,}000{,}000 = 10 \times 10 \times 10 \times 10 \times 10 \times 10 = 10^6$

一的後面若有一百個零，是10^{100}。

最後一個例子充分顯示用這個方式表達極大的數字有多麼簡潔，因爲如果把它完整寫出來，就會是——

10000000000000000000000000000000000000000000000000000000000000000000000000000000000000000000000000000

這個數字（一後面一百個零）稱爲「古高爾」（google）。二十世紀上半葉，數學家愛德華・卡斯納（Edward Kasner）在哥倫比亞大學任教，他想爲這個有限的超大數字取一個名字，便請他九歲的小姪子米爾頓・希洛塔（Milton Sirotta）命名，於是「古高爾」就這麼誕生了。[1]

附錄二　機率法則

假設現在有甲和乙兩個事件，則甲和乙的**合取**（conjunction）就是兩事件**同時**發生。例如「我現在擲骰子會出現六點」和「接著再擲一次是六點」的合取，就是「我現在擲兩次骰子都會是六點」。

甲和乙的**析取**（disjunction）就是甲事件**或**乙事件發生**或**兩事件同時發生。例如「我現在擲骰子會出現六點」和「接著再擲一次是六點」的析取，就是「我現在連擲兩次骰子至少有一次會是六點」，或者說，「我現在擲兩次骰子，第一次或第二次或者兩次都會是六點」。

假設甲事件和乙事件各有其發生機率，那麼由於兩事件的合取與析取同樣也是事件，因此也各有其發生機率。用上面的例子來說，就是連擲兩次骰子都出現六點有一個機率值，而至少有一擲是六點也有一個機率值。

某事件的相反，稱爲該事件的**互補**（complement）事件。假設我擲骰子沒有出現六點，那就可以說「非六點」出現了。某事件一旦發生，它的互補事件就不會發生，反之亦然。某事件爲眞，它的互補事件必然爲假。

現在假設有一枚完美的骰子，每一面的出現機率都是六分之一。那麼骰子出現偶數點的機率就是骰子出現兩點、四點或六點的機率，正好是兩點出現、四點出現和六點出現的「析取」。

這個析取的機率是各別機率的總和，也就是骰子分別出現兩點、四點和六點的機率和。這是機率的**加法定律**（addition rule）。根據加法定律，骰子出現四點以下點數的機率爲骰子分別出現一點、兩點、三點和四點的機率總和，也就是四個六分之一，相當於六分之四或三分之二。依此類推。

不過，事情沒這麼簡單。

要是我們想知道「骰子出現偶數點」和「骰子會出現四點以下的點數」這兩個事件的「析取」機率呢？換句話說，我們想知道骰子出現偶數點**或**骰子會出現四點以下的點數**或**兩者同時發生的機率爲何。你首先想到的作法，可能是將兩個事件的機率加在一起，也就是計算「骰子出現偶數點」和「骰子出現四點以下的點數」的機率和。

然而，這麼做會遇到一個問題。骰子出現偶數點的機率是二分之一，骰子出現四點以下的機率則是三分之二。兩個機率加在一起等於二分之一加三分之二，也就是一又六分之一，比一還大。但我們知道機率值絕不可能大於一。

問題出在我們重複計算了某些結果。比方說骰子出現兩點或四點時，這個結果既屬於「骰子出現偶數點」，也算是「骰子出現四點以下的點數」。直接加總兩個機率，等於多算了一次骰子出現兩點或四點的機率。

爲了修正這個問題，我們必須扣掉重複計算的部分。由於骰子出現兩點或四點的機率爲三分之一，因此必須將它扣掉，也就是二分之一加三分之二再減三分之一，結果是六分之五。

這個例子還有另一種計算方法。骰子出現偶數點或四點以下（或兩種情形同時發生），表示骰子出現的是一點、兩點、三點、四點或六點，換句話說就是六種可能結果中的五種，因此機率便是六分之五。

一般說來，當我們計算兩個事件的「析取」機率時，都必須檢查兩個事件是否有重疊的部分。爲了避免重複計算，我們必須扣除其中一份。

事件之間通常沒有重疊的部分，因此計算析取機率並不困難，因爲重疊部分的機率爲零，什麼都不需要扣除。例如「骰子出現兩點以下」和「骰子出現五點以上」的析取機率爲何?也就是骰子出現「兩點以下」或「五點以上」或兩者同時發生的機率爲何？骰子同時出現「兩點以下」和「五點以上」的機率顯然爲零，因爲骰子的點數不可能既在兩點以下又在五點以上。因此，要計算兩個事件的析取機率，只需要將「骰子出現兩點以下」和「骰子出現五點以上」的機率加在一起即可。

當事件之間沒有重疊時，就叫**互斥**（exclusive）或**不相容**（incompatible）事件。若兩個事件彼此互斥，那麼其合取機率便爲零，兩個事件不可能同時發生。

現在可以完整表達加法定律了：**兩事件的析取機率，為各別事件機率的總和減去兩事件同時發生的機率**。兩事件同時發生的機率就是它們的合取機率。

由於巧合通常涉及多個事件同時發生，因此讓我們再多瞭解析取一點。底下是另一個例子，和前一個略微不同。請問「骰子出現偶數點」和「骰子出現三點以下」的合取機率是多少？嗯，骰子出現偶數點的機率是二分之一，因爲其中三個點數是偶數：兩點、四點和六點。**這三個點數裡**，三分之一（即兩點）爲三點以下。因此，「骰子出現偶數點」**而且**「骰子出現三點以下」的機率是二分之一的三分之一，也就是六分之一。這個答案很容易知道是對的，因爲直接就看得出來。六個點數當中，只有一個（也就是兩點）同時滿足「骰子出現偶數點」和「骰子出現三點以下」這兩個條件。六個點數之中的一個就是六分之一。

上面這個例子使用了**條件機率**（conditional probability），簡單說，就是已知某事件發生的情況下另一事件發生的機率。用上面的例子來說，**偶數點當中**（也就是**已知**骰子擲出偶數點的情況下），三點以下的機率是三分之一，也就是在偶數點的**條件下**，有三分之一的機率會出現三點以下的點數。

因此，更一般來說，甲事件和乙事件的合取機率就是**已知**甲事件發生時（或在甲事件發生的條件下），兩事件各別機率的乘積。

知道其他事件發生了，不一定會改變原本事件的機率。有些機率**無論其他事件有沒有發生**，都不會改變。骰子出現四點以下的機率是三分之二。**已知**骰子出現偶數點的情況下，骰子出現四點以下的機率還是三分之二。

當某事件的發生機率不會因爲另一個事件發生與否而改變，這兩個事件就稱爲**獨立**（independent）事件。這時，兩個事件同時發生的機率（也就是兩事件的合取機率）非常簡單，就是兩個事件各別機率的乘積。例如，「骰子出現偶數點」的機率是二分之一，「骰子出現四點以下」的機率則爲三分之二，跟骰子是不是出現偶數點無關。因此，兩個事件**同時**發生的機率等於二分之一乘三分之二，也就是三分之一。

當某事件的發生機率**要看**另一個事件發生與否而定時，這兩個事件就不是獨立事件，而是**相依**（dependent）事件。讓我們再回到上面的例子。對於「骰子出現偶數點」和「骰子出現三點以下」這兩個事件，如果只是將兩者的機率相乘，會出現什麼結果呢？我們會得到二分之一乘二分之一，也就是四分之一。但之前已經分析過了，這兩個事件要同時發生（亦即合取），唯有骰子出現兩點的時候，而這個點數出現的機率只有六分之一。因此，兩個事件同時發生的機率是六分之一，不是四分之一。

直接相乘之所以出錯，是因爲兩個事件並不獨立。**已知骰子出現偶數點時**，骰子出現三點以下的機率只有三分之一。而**已知骰子並未出現偶數點時**，骰子出現三點以下的機率爲三分之二。因此，骰子出現三點以下的機率，並非和骰子是否出現偶數點無關。

這就是機率的**乘法定律**（multiplication rule）：兩個事件同時發生的機率（合取機率）爲已知第一個事件發生時，兩事件各別機率的乘積。如果兩事件爲獨立事件，則第一個事件發生與否，不會影響第二個事件的發生機率，這時合取機率只要將兩事件各別發生的機率相乘即可。

註釋

題詞

1. Quoted by Lisa Belkin, "The Odds of That," the *New York Times*, August 11, 2002.

第一章　神祕事件的神祕起源

1. fUSION Anomaly, "*The Girl from Petrovka*," last modified August 1, 2001, http://fusionanomaly.net/girlfrompetrovka.html.
2. Carl G. Jung, *Synchronicity: An Acausal Connecting Principle*, trans. R.F.C. Hull, Bollingen Series XX (Princeton, NJ: Princeton University Press, 1960), 15.
3. N. Bunyan, "Double Hole-in-One," The *Telegraph*, September 28, 2005.
4. Émile Borel, *Probabilities and Life*, trans. Maurice Baudin (New York: Dover Publications, 1962), 2–3.
5. 打字機是早期的機械式文字處理器。每個按鍵和一個金屬小鎚（稱為字臂）直接相連，按鍵時小鎚會打在浸透墨水的色帶上，在紙上印出字母來。
6. Borel, *Probabilities and Life*, 3.
7. 同前註，2–3。

8. 同前註，26。
9. Antoine-Augustin Cournot, *Exposition de la théorie des chances et des probabilités* (Paris, Librairies de L. Hachette, 1843).
10. Karl Popper, *The Logic of Scientific Discovery*, Routledge Classics (London: Routledge, 2002), 195. First published 1935 by Springer, Vienna.
11. Borel, *Probabilities and Life*, 5–6.
12. Brian Greene, "5 Strange Things You Didn't Know About Kim Jong-Il," *U.S. News & World Report*, December 19, 2011, www.usnews.com/news/articles/2011/12/19/5-strange-things-you-didnt-know-about-kim-jong-il.

第二章　如果球就這麼掉進了酒杯：面對無常的宇宙

1. 橫跨一九二〇和三〇年代的英國經典喜劇影集。www.youtube.com/watch?v=8U22hYXUIvw.
2. B. F. Skinner, "'Superstition' in the Pigeon," *Journal of Experimental Psychology* 38 (1948): 168–72.
3. 有意思的是，迷信似乎常跟厄運有關，而不是好運。這可能是演化的結果，出於謹慎行事的需求：能看出潛在危險的人比較有機會存活。
4. Francis Bacon, *The New Organon: or True Directions Concerning the Interpretation of Nature* (1620), Aphorisms, Book One, XLVI.
5. Robert K. Merton, *On Social Structure and Science* (Chicago: The University of Chicago Press, 1996), 196.
6. Robert L. Snow, *Deadly Cults: The Crimes of True Believers* (Westport, CT: Praeger Publishers, 2003), 112.
7. David Hume, *An Enquiry Concerning Human Understanding*, 2nd edn. (Indianapolis, IN: Hackett Publishing, 1993), 77. First published 1777.
8. Daniel Druckman and John A. Swets, eds., *Enhancing Human Performance: Issues, Theories, and Techniques* (Washington, DC: The National Academies Press, 1988).

9. John Scarne, *Scarne on Dice* (Harrisburg, PA: Stackpole Books, 1974), 65.
10. Holger Bösch, Fiona Steinkamp, and Emil Boller, "Examining Psychokinesis: The Interaction of Human Intention with Random Number Generators – A Meta-Analysis," *Psychological Bulletin* 132 (2006): 497–523.
11. Scarne, *Scarne on Dice*, 63.
12. J. B. Rhine, "A New Case of Experimenter Unreliability," *Journal of Parapsychology* 38 (1974): 215–25; Louisa E. Rhine, *Something Hidden* (Jefferson, NC: McFarland and Co., 2011).
13. Peter Brugger and Kirsten I. Taylor, "ESP: Extrasensory Perception or Effect of Subjective Probability?" *Journal of Consciousness Studies* 10, no. 6–7 (2003): 221–46.
14. James Randi Educational Foundation, "One Million Dollar Paranormal Challenge," accessed March 1, 2012, www.randi.org/site/index.php/1m-challenge.html.
15. Carl G. Jung, *Synchronicity: An Acausal Connecting Principle*, trans. R.F.C. Hull, Bollingen Series XX (Princeton, NJ: Princeton University Press, 1960), 19.
16. Jung, *Synchronicity*, 25. 關於榮格發明的詞彙「同時性」，柯斯勒在一九七二年的著作*The Roots of Coincidence*九十五頁中寫道：「我們不免好奇榮格為何要多此一舉，先發明一個和同時性有關的概念，然後又說它不是字面上的那個意思。不過，榮格的文字經常充斥著這類冗贅的隱晦。」
17. Jung, *Synchronicity*, 22–23.
18. Paul Kammerer, *Das Gesetz der Serie: Eine Lehre von den Wiederholungen im Lebens- und im Weltgeschehen* (Stuttgart and Berlin: Deutsche Verlags-Anstalt, 1919).
19. Rupert Sheldrake, *The Presence of the Past: Morphic Resonance and the Habits of Nature* (New York: Crown Publishing, 1988).
20. Pierre Simon Laplace, *Essai Philosophique sur les Probabilités* (Paris: Courcier, 1814).

第三章　不令人意外就不叫巧合：機運是什麼？

1. Persi Diaconis and Frederick Mosteller, "Methods for studying coincidences," *Journal of the American Statistical Association* 84, no. 408 (1989): 853–61.
2. John J. Lumpkin, "Agency Planned Exercise on Sept. 11 Built around a Plane Crashing Into a Building," Associated Press, August 21, 2001, www.prisonplanet.com/agency_planned_exercise_on_sept_11_built_around_a_plane_crashing_into_a_building.htm.
3. Leonard J. Savage, *The Foundations of Statistics* (New York: John Wiley & Sons, 1954), 2.
4. Edward Gibbon, *The History of the Decline and Fall of the Roman Empire, Volume 2* (London: Strahan and Cadell, 1781), chapter XXIV, Part V, footnote.
5. 《邏輯：思考的藝術》（*La logique, ou l'art de penser*）於一六六二年由翁端．阿賀諾和皮耶．尼可聯合匿名出版，帕斯卡可能也是共同作者之一。
6. 據說這段文字是洛倫茲造訪馬里蘭大學的尤吉尼亞．卡爾內（Eugenia Kalnay）教授時在一張紙上寫下的。
7. 哲學家伊安．哈金在《機率的誕生》（*The Emergence of Probability*）中提到，他曾經造訪開羅的古物陳列館，把玩館內展示的骰子，覺得那些骰子「公平得出奇」。他說：「其中兩枚外觀滿不規則的骰子竟然也很公平，讓人不禁懷疑製作時是不是刻意磨除某些邊角，讓各面都能平均出現。」（也就是每一面的出現機率相等或近乎相等，至少投擲一下午感覺不出偏頗）。
8. Øystein Ore, "Pascal and the Invention of Probability Theory," *The American Mathematical Monthly* 67, no. 5 (1960): 409–19.
9. Luca Pacioli, *Summa de Arithmetica, Geometria, Proportioni et Proportionalità* (Venice, 1494).
10. Giovanni Francesco Peverone, *Due Brevi e Facili Trattati, il Primo d'Arithmetica, l'Altro di Geometria* (Lyon, 1558).
11. David Napley, "Lawyers and Statisticians," *Journal of the Royal Statistical Society*, *Series A* 145, no. 4 (1982): 422–38.
12. Adolphe Quetelet, *A Treatise on Man, and the Development of his Faculties* (Edinburgh: William and Robert Chambers,

1842; New York: Burt Franklin, 1968), 80.

13. Bruno de Finetti, *Theory of Probability: A Critical Introductory Treatment* (New York: John Wiley & Sons, 1974–75).

14. Girolamo Cardano, *Liber de Ludo Aleae* (*The Book on Games of Chance*) (1663).

15. Francis Galton, *Natural Inheritance* (London: Macmillan, 1889).

16. Theodore Micceri, "The Unicorn, the Normal Curve, and Other Improbable Creatures," *Psychological Bulletin* 105, no. 1 (1989): 156–66.

17. Henri Poincaré, *Science and Method*, trans. Francis Maitland (London: Thomas Nelson, 1914), chapter 4.

18. Lewis Campbell and William Garnett, *The Life of James Clerk Maxwell: With a Selection from His Correspondence and Occasional Writings and a Sketch of His Contributions to Science* (London: Macmillan, 1882; Cambridge: Cambridge University Press, 2010), 442.

19. http://archive .org /details /TheBornEinsteinLetters.

第四章　球打出去，一定有事：必然法則

1. 樂透彩的宣傳標語通常自成一格。美國麻薩諸塞州樂透彩的標語只偏離了事實一點點：買了就會中（但忘了提中獎彩券可能沒有半個人買到）。奧勒岡州彩券的標語就有一點遊走道德邊緣了：「買樂透做好事。」科羅拉多州彩券的標語非常簡單：「記得買一張。」北卡羅來納州樂透彩則是不說廢話：「有買才會中。」

第五章　多看一眼，就能找到四葉草：巨數法則

1. Augustus De Morgan, "Supplement to the Budget of Paradoxes," *The Athenaeum* no. 2017 (1866): 836.

2. J. E. Littlewood, *A Mathematician's Miscellany* (London: Methuen and Co., 1953), 105.

3. Ellen Goodstein, "Unlucky in Riches," November 17, 2004, http://lottoreport.com/AOLSadbuttrue.htm.

4. 紐澤西樂透彩那段期間剛從6/39改為6/42制，機率一兆分之一這個數值來自假設亞當斯小姐四個月內每週都買一

張彩券。

5. Christina Ng, "Virginia Woman Wins $1 Million Lottery Twice on Same Day," Good Morning America, April 23, 2012, http://gma.yahoo.com/virginia-woman-wins-1-million-lottery-twice-same-160709882—abc-news-topstories.html.
6. "Identical Lottery Draw Was Coincidence," Reuters, September 18, 2009, www.reuters.com/article/2009/09/18/us-lottery-idUSTRE58H4AM20090918.
7. R. D. Clarke, "An Application of the Poisson Distribution," *Journal of the Institute of Actuaries* 72 (1946): 481.
8. Nicholas Miriello and Catherine Pearson, "42 Disease Clusters in 13 U.S. States Identified," *The Huffington Post*, last updated May 31, 2011, www.huffingtonpost.com/2011/03/31/disease-clusters-us-states_n_842529.html #s259789title =Arkansas.
9. Uri Geller, "11.11," September 17, 2010, http://site.uri-geller.com/11_11.
10. 同前註。
11. 這裡的「隨機」有特定的意義，表示每個數字（零到九）出現頻率為十分之一，每對數字（零零到九九）出現頻率為百分之一，每三個數字（零零零到九九九）出現頻率為千分之一，依此類推。而圓周率小數點後的數字沒有窮盡，而且永不重複。
12. 想知道你的生日出現在圓周率小數點後的哪一個位置，請參考以下這個非常棒的網站：www.angio.net/pi/piquery。
13. Mark Ronan, *Symmetry and the Monster: One of the Greatest Quests of Mathematics* (Oxford: Oxford University Press, 2006).
14. R. L. Holle, "Annual Rates of Lightning Fatalities by Country," Preprints, 20th International Lightning Detection Conference, April 21–23, 2008, Tucson, Arizona.
15. www.pga.com/pga-america/hole-one.
16. www.holeinonesociety.org/pages/home.aspx.

17. *The Times*, May 24, 2007.
18. Tim Reid, "Two Holes in One-And It's the Same Hole," *The Times*, August 2, 2006.
19. "Hunstanton, England," Top 100 Golf Courses of the World, accessed June 9, 2013, www.top100golfcourses.co.uk/htmlsite/productdetails.asp?id=75.
20. Mick Power, *Adieu to God: Why Psychology Leads to Atheism* (Chichester: Wiley-Blackwell, 2012).
21. Thomas H. Jordan et al., "Operational Earthquake Forecasting: State of Knowledge and Guidelines for Utilization," Report by the International Commission on Earthquake Forecasting for Civil Protection, *Annals of Geophysics* 54, no. 4 (2011): 315–91, doi:10.4401/ag-5350, www.earth-prints.org/bitstream/2122/7442/1/AGjordanetal11.pdf.
22. Richard Wiseman, *Paranormality: Why We Believe the Impossible* (London: Macmillan, 2011), www.richardwiseman.com/ParaWeb/Inside_intro.shtml
23. Martin Plimmer and Brian King, *Beyond Coincidence* (Cambridge: Icon Books, 2004).

第六章　先射箭再畫靶：選擇法則

1. Charles Forelle and James Bandler, "The Perfect Payday," the *Wall Street Journal*, March 18, 2006, http://online.wsj.com/article/SB114265075068802118.html
2. Erik Lie, "On the Timing of CEO Stock Option Awards," *Management Science* 51, no. 5 (2005): 802–12, www.biz.uiowa.edu/faculty/elie/Grants-MS.pdf.
3. Ward Hill Lamon, *Recollections of Abraham Lincoln 1847–1865*,ed. Dorothy Lamon Teillard (Cambridge, MA: The University Press, 1895/rev. and exp. 1911; Lincoln, NE: University of Nebraska Press, 1994).
4. Francis Bacon, *The New Organon: or True Directions Concerning the Interpretation of Nature* (1620), Paragraph XLVI.
5. 統計學裡的「回歸」最早就是從「趨均數回歸」裡來的。
6. Linda Mountain, "Safety Cameras: Stealth Tax or Life-Savers? *Significance* 3, no. 3 (2006): 111–13.

7. Arthur Koestler, *The Roots of Coincidence* (London: Pan Books Ltd., 1974).
8. Daniel Kahneman, *Thinking, Fast and Slow* (New York: Farrar, Straus and Giroux, 2011).
9. William Withering, *An Account of the Foxglove, and Some of Its Medical Uses: With Practical Remarks on Dropsy, and Other Diseases* (Birmingham, England:G. G. J. and J. Robinson, 1785).
10. David J. Hand, *Information Generation: How Data Rule Our World* (Oxford: Oneworld Publications, 2007).
11. Horace Freeland Judson, *The Great Betrayal: Fraud in Science* (Orlando, FL: Houghton Mifflin Harcourt, 2004).
12. John P.A. Ioannidis, “Why Most Published Research Findings Are False,” *PloS Medicine* 2, no. 8 (2005): e124.

第七章　失之毫釐，差之千里：機率槓桿法則

1. Sebastian Mallaby, *More Money Than God: Hedge Funds and the Making of a New Elite* (New York: The Penguin Press, 2010), chapter 4.
2. S. Machin and T. Pekkarinen, “Global Sex Differences in Test Score Variability,”*Science* 322 (2008): 1331–32.
3. Roger Lowenstein, *When Genius Failed: The Rise and Fall of Long-Term Capital Management* (New York: Random House, 2000).
4. Bill Bonner, “25 Standard Deviations in a Blue Moon,” *MoneyWeek*, November 13, 2007, www.moneyweek .com/news-and-charts/economic/25-standard-deviations-in-a-blue-moon.
5. Izabella Kaminska, “ ‘A 12th “Sigma” Event If There Is Such a Thing,’”*FTAlphaville*, May 7, 2010, http://ftalphaville.ft.com/blog/2010/05/07/223821/a-12th-sigma-event-if-there-is-such-a-thing.
6. Carmen M. Reinhart and Kenneth S. Rogoff, *This Time is Different: Eight Centuries of Financial Folly* (Princeton, NJ: Princeton University Press, 2009).
7. 在圖七之二中，常態分布的平均值為零，標準差（散布）為一；柯西分布的平均值和尺度參數均為一。
8. M. V. Berry, “Regular and Irregular Motion,” in *Topics in Nonlinear Dynamics: A Tribute to Sir Edward Bullard*, American

Institute of Physics Conference Proceedings 46 (La Jolla, CA: American Institute of Physics, 1978), 16–120.

9. Alister Hardy, Robert Harvie, and Arthur Koestler, *The Challenge of Chance: Experiments and Speculations* (London: Hutchinson, 1973).
10. 同前註，25。
11. Persi Diaconis and Frederick Mosteller, "Methods for Studying Coincidences," *Journal of the American Statistical Association* 84, no. 408 (1989): 853–61.
12. Ray Hill, "Multiple Sudden Infant Deaths-Coincidence or Beyond Coincidence?" *Paediatric and Perinatal Epidemiology* 18 (2004): 320–26.

第八章　放寬標準，巧合無所不在：夠近法則

1. Carl G. Jung. *Synchronicity: An Acausal Connecting Principle*, trans. R.F.C. Hull (Princeton, NJ: Princeton University Press, 1973), 22.
2. 同前註，21。
3. Alister Hardy, Robert Harvie, and Arthur Koestler, *The Challenge of Chance: Experiments and Speculations* (London: Hutchinson, 1973), 34.
4. 齊納卡片是一九三〇年代初期由．萊恩的助理卡爾．齊納發明的卡片，專門用在超感官知覺實驗中。一組卡片有二十五張，分成五種花樣，分別是圓形、希臘十字、三條垂直的波紋、正方形和五芒星，每種花樣五張。
5. Arthur Koestler, *The Roots of Coincidence* (London: Pan Books Ltd., 1974), 39–40.
6. 「統計上顯著」請見第十一章。
7. Koestler, *Roots of Coincidence*, 39.
8. 這些數值可以當成直角三角形的三個邊。畢氏定理告訴我們，兩個直角邊長的平方和等於斜邊長的平方。因此，三角形的三邊長為三、四、五單位時，$3^2+4^2=5^2$，故為直角三角形。

9. 這個例子要感謝我的同事麥可・克洛（Mike Crowe）提供。
10. 底下是另外三個例子：$e^{\pi}-\pi=19.9991...$，通常都被當成二十；$\sin(2017\times2^{1/5})=-0.9999999999999999785...$，非常接近負一；$\pi^{9}/e^{8}=9.9998...$，非常接近十。
11. Charles Piazzi Smyth, *The Great Pyramid: Its Secrets and Mysteries Revealed* (also titled *Our Inheritance in the Great Pyramid*) (London: Isbister and Co., 1874).
12. Charles Dickens, *The Old Curiosity Shop* (London: Chapman and Hall, 1841), chapter 39.

第九章　機率與人類心靈的交會

1. P. P. Wakker, *Prospect Theory for Risk and Ambiguity* (Cambridge: Cambridge University Press, 2010).
2. Thomas Gilovich, Robert Vallone, and Amos Tversky, "The Hot Hand in Basketball: On the Misperception of Random Sequences," *Cognitive Psychology* 17 (1985): 295–314.
3. S. Christian Albright, "A Statistical Analysis of Hitting Streaks in Baseball," *Journal of the American Statistical Association* 88, no. 424 (1993): 1175–83.
4. Jim Albert, "A Statistical Analysis of Hitting Streaks in Baseball: Comment," *Journal of the American Statistical Association* 88, no. 424 (1993), 1184–88.
5. C. G. Jung, *Memories, Dreams, Reflections*, rec. and ed. Aniela Jaffé, trans. Richard and Clara Winston (London: Collins and Routledge & Kegan Paul, 1963).
6. 同前註，136。
7. 同前註，188–89。
8. "Is this Britain's Luckiest Woman?" *Mail Online,* updated June 28, 2011, www.dailymail.co.uk/news/article-2008648/Is-Britains-luckiest-woman-Former-bank-worker-earns-living-winning-competitions.html.
9. Richard K. Guy, "The Strong Law of Small Numbers," *The American Mathematical Monthly* 95, no. 8 (1988): 697–712.

10. 前者是錯的，後者才正確。
11. Nevil Maskelyne, “The Art in Magic,” *The Magic Circular*, June 1908, 25.
12. Leonard Mlodinow, *The Drunkard's Walk: How Randomness Rules Our Lives* (New York: Pantheon, 2008).
13. E. H. Carr, *What is History? The George Macaulay Trevelyan Lectures Delivered in the University of Cambridge*, (Cambridge: Cambridge University Press, 1961; London: Penguin Books, 1990).

第十章　從機運的角度看生命、宇宙和萬物

1. Richard Dawkins, *Climbing Mount Improbable* (London: Penguin Books, 1996), 66.
2. William Paley, *Natural Theology; or, Evidence of the Existence and Attributes of the Deity, Collected from the Appearances of Nature* (London: R. Faulder, 1802).
3. Tim H. Sparks et al., “Increased Migration of Lepidoptera Linked to Climate Change,” *European Journal of Entomology* 104 (2007): 139–43.
4. Mark Ridley, *The Problems of Evolution* (Oxford: Oxford University Press, 1985), 5.
5. Charles Darwin, *On the Origin of Species by Means of Natural Selection, or the Preservation of Favoured Races in the Struggle for Life* (London: John Murray, 1859), 127.
6. Victor J. Stenger, “Where Do the Laws of Physics Come From?” preprint, PhilSci Archive, 2007, http://philsci-archive.pitt.edu/3662.
7. http://physics.nist.gov/cgi-bin/cuu/Value?mnsmp|searchfor=neutron-proton+mass+ratio.
8. Fred C. Adams, “Stars in Other Universes: Stellar Structure with Different Fundamental Constants,” *Journal of Cosmology and Astroparticle Physics* 2008, no. 8 (2008): 010.
9. John D. Barrow and Frank J. Tipler, *The Anthropic Cosmological Principle* (Oxford: Oxford University Press, 1988), 16.
10. 同前註，28。

11. Martin Gardner, "WAP, SAP, PAP, and FAP," *The New York Review of Books 23*, no. 8 (May 8, 1986): 22–25.
12. Barrow and Tipler, *The Anthropic Cosmological Principle*.

第十一章　不大可能法則使用指南

1. Paul J. Nahin, *Duelling Idiots and Other Probability Puzzlers* (Princeton, NJ: Princeton University Press, 2000; reissue edn., 2012).
2. B. F. Skinner, "The Alliteration in Shakespeare's Sonnets: A Study in Literary Behavior," *The Psychological Record* 3 (1939): 186–92.
3. 由於討論莎翁作品的著作汗牛充棟，因此史基納的結論很難不受到其他學者挑戰。美國學者烏里奇．戈德史密斯（Ulrich Goldsmith）便進一步指出：「史基納不僅忽略了這些十四行詩經過多次修改，也不承認原作者創作頭韻詩確實有藝術上的用意。」Ulrich K. Goldsmith, "Words Out of a Hat? Alliteration and Assonance in Shakespeare's Sonnets," *The Journal of English and Germanic Philology* 49, no. 1 (1950): 33–48.
4. Arthur Conan Doyle, *The Sign of the Four,* chapter 6, in *Lippincott's Monthly Magazine*, February 1890.
5. David Hume, *An Enquiry Concerning Human Understanding*, 2nd edn. (Indianapolis, IN: Hackett Publishing, 1993), 77.
6. 這個名稱或許有一點誤用，因為貝氏定理只是計算機率的一種數學方法，**所有**統計學家都會用它來計算機率，而不限於那些採取「信心程度」詮釋的統計學家。

結語　見識不大可能法則的威力

1. *The Times*, July 12, 2007.
2. James A. Hanley, "Jumping to Coincidences: Defying Odds in the Realm of the Preposterous," *The American Statistician* 46, no. 3 (1992): 197–202.
3. The *Telegraph*, December 21, 2008.

4. *Fortean Times* 153 (December 2001): 6.

5. Mike Perry, "Scrabble Coincidence from a South African Artist," *67 Not Out: Coincidence, Synchronicity and Other Mysteries of Life*, www.67notout.com/2010/10/scrabble-coincidence-from-south-african.html.

6. *The Times*, January 2, 2012; http://news.yahoo.com/wedding-ring-lost-16-years-found-growing-garden-230706338.html.

附錄一　懾人的大與驚人的小

1. 據說網路搜尋公司谷歌（Google）的名字就是「古高爾」誤拼而來的。

不大可能法則 : 誰說樂透不會中兩次? / 大衛・漢德（David Hand）著 ; 賴盈滿譯. -- 初版. -- 臺北市 : 大塊文化, 2014.12

面；　公分. --（from ; 107）

譯自 : The improbability principle : why coincidences, miracles, and rare events happen every day

ISBN 978-986-213-568-6（平裝）

1. 機率論

319.1　　103021764

LOCUS

LOCUS

LOCUS

LOCUS